面向双碳目标的
新型智慧供热发展蓝皮书

Blue Book on the Development of New Intelligent Heating for Dual Carbon Goals

国家发展改革委价格成本和认证中心、华电电力科学研究院有限公司 等

《新型智慧供热发展蓝皮书》编写组　**组编**

·北京·

图书在版编目（CIP）数据

面向双碳目标的新型智慧供热发展蓝皮书 / 国家发展改革委价格成本和认证中心等组编 . -- 北京：中国经济出版社，2024.12. -- ISBN 978-7-5136-8032-5

Ⅰ . TU833

中国国家版本馆CIP数据核字第202414NZ27号

责任编辑　张　巍
封面设计　盈丰飞雪
责任印制　马小宾

出版发行	中国经济出版社
印 刷 者	北京富泰印刷有限责任公司
经 销 者	各地新华书店
开　　本	710mm×1000mm　1/16
印　　张	6
字　　数	69千字
版　　次	2024年12月第1版
印　　次	2024年12月第1次
定　　价	98.00元

广告经营许可证　京西工商广字第8179号

中国经济出版社 网址 www.economyph.com 社址 北京市东城区安定门外大街58号 邮编 100011
本版图书如存在印装质量问题，请与本社销售中心联系调换（联系电话：010-57512564）

版权所有　盗版必究（举报电话：010-57512600）
国家版权局反盗版举报中心（举报电话：12390）　　服务热线：010-57512564

指导专家组

高　翔　　中国工程院院士、浙江工业大学校长、浙江省白马湖实验室主任、浙江大学碳中和研究院院长

丁玉龙　　英国皇家工程院院士、伯明翰储能研究中心主任

张玉清　　国家能源局原副局长

周宏春　　国务院发展研究中心原副巡视员

唐铁军　　国家发展改革委价格成本和认证中心副主任

王东伟　　国家电力投资集团高级专家

兰国芹　　中国华电集团市场营销部副主任

段洁仪　　中国能源研究会分布式能源专业委员会主任

綦升辉　　清洁供热产业委员会（CHIC）专家委员会主任、山东省节能技术研究院院长

编写专家组

主　编	赵文瑛	卢延纯	严新荣	王　阳	
副主编	秦绪龙	陈玲红	王　军	郑立军	袁闪闪
	郑　娜	严俊杰	邓高峰	黄　清	吴　荣
	李　博	赵俊杰	吴春玲	张彤军	

编　委（按拼音排序）

卞　正	曾晓玲	常　玉	陈久良	丁　云
董　蔚	冯　云	冯亦武	高新勇	关运龙
何晓红	黄平平	蒋庭军	金　翼	井　帅
考国强	李家川	李增楠	刘　明	刘　昀
刘静茹	毛　毅	石远江	孙炳禹	唐　伟
仝　磊	王　淮	王　俭	王飞波	王建国
王建勋	王思琪	王永利	肖　汉	徐家斌
薛清元	杨　勉	杨振华	易湘红	扎　西
张　扬	张娟丽	张理驰	张守军	张晓松
张月宁	赵　楠	赵　瑞	赵虎军	赵永亮
征少卿	郑成航	易　典	卓建坤	

编写单位

国家发展改革委价格成本和认证中心	华电电力科学研究院有限公司
浙江大学	中国大唐集团科学技术研究总院
浙江省白马湖实验室	中国大唐集团技术经济研究院
清华大学	国能龙源蓝天节能技术有限公司
西安交通大学	国网能源研究院有限公司
华北电力大学	中国能源研究会低碳智慧供热技术专委会
郑州大学	中国市政工程华北设计研究总院有限公司
临沂大学	北京市煤气热力工程设计院有限公司
中国华电集团有限公司	山东电力工程咨询院有限公司
中国华能集团有限公司	北京鲁电国际电力工程有限公司
国家能源投资集团有限责任公司	国能生物发电集团有限公司
中国大唐集团有限公司	江苏金合能源科技有限公司
国家电力投资集团有限公司	合肥德博生物能源科技有限公司
浙江省能源集团有限公司	杭州云谷科技股份有限公司
中国建筑科学研究院有限公司	蚂蚁链（上海）数字科技有限公司
长城证券股份有限公司	浙江源创智控技术有限公司
深圳市长城长富投资管理有限公司	
长城证券股份有限公司产业金融研究院	

序言

近年来，国际地缘政治博弈加剧，经济全球化面临新考验，凸显百年未有之大变局加速演进。经济社会发展全面绿色转型加快推进，绿色投资已成为全球经济增长的重要引擎。全球新一轮科技革命和产业变革方兴未艾，数字化智能化与传统行业加速融合，数字经济正在成为重组全球要素资源、重塑全球经济结构和改变全球竞争格局的关键力量。全球能源体系安全高效、绿色低碳转型及数字化智能化技术创新已经成为不可逆转的趋势。

北方地区清洁取暖是习近平总书记2016年12月在中央财经领导小组第十四次会议上亲自布置的一项重要任务，是党中央、国务院部署的一项重大民生工程、民心工程。供热行业关系国计民生，一头牵着群众冷暖，一头连着蓝天白云，供热系统是城市能源供应体系的重要组成部分。双碳目标提出以来，我国生态文明建设进入以降碳为重点战略方向、推动减污降碳协同增效的新阶段。国务院相关部门出台供热领域节能降碳多项重要政策，全面提升供热系统安全高效、绿色低碳水平。积极构建新型智慧供热系统，加速数字化智能化技术与供热行业深度融合，是统筹我国能源绿色低碳转型发展与保障能源电力安全的重要举措。

以习近平新时代中国特色社会主义思想为指导，深入学习贯彻党的二十大和二十届二中、三中全会精神，完整、准确、全面贯彻新发展理念，切实落实"四个革命、一个合作"能源安全新战略，围绕规划建设新型能源体系、加快构建新型电力系统的总目标，在国家发展改革委价格成本和认证中心、华电电力科学研究院有限公司等单位统筹组织下，由我国能源电力行业专家及国家清洁取暖原评估专家组组长赵文瑛教授、国家发展改革委价格成本和认证中心主任卢延纯、华电电力科学研究院有限公司总经理严新荣、中国建筑科学研究院有限公司副总经理王阳等专家领导牵头，中国华电集团、中国华能集团、国家能源集团、国家电投集团、中国大唐集团、浙能集团等发电集团，浙江大学、清华大学、西安交通大学、华北电力大学、郑州大学等有关高校，国网能源研究院、中国建筑科学研究院、华电电力科学研究院、北京市煤气热力工程设计院等科研机构和供热行业新质生产力代表企业有关专家参与，共同编写本蓝皮书。

面向新时代新征程，结合"双碳"目标要求和新型能源体系建设，本蓝皮书全面分析了行业当前发展的新形势和新挑战，总结目前面临的主要问题，研判供热行业未来趋势和高质量发展路径，在行业内首次全面阐述新型智慧供热系统理念内涵、基本特征和系统架构，从源—网—站—户—储全域层面系统介绍了新型智慧供热系统先进技术，创新性地提出"多储热柔""热—电—碳""算力—电力—热力"协同等多种前瞻性新理念，并提出政策机制与产业发展建议，为供热行业高质量、可持续发展以及新型能源体系建设提供参考借鉴和有力支撑。

中国工程院院士
浙江工业大学校长
浙江省白马湖实验室主任
浙江大学碳中和研究院院长
2024年10月

CONTENTS

目录

01 发展现状与问题挑战

1.1　发展现状　　003
1.2　问题挑战　　007

02 形势要求与内涵特征

2.1　双碳目标下的新要求
　　　新趋势　　　　　015
2.2　新型智慧供热系统的
　　　内涵和特征　　　019

03 内容架构与典型案例

3.1 系统总体架构	027
3.1.1 数字化基础设施和数据中台	028
3.1.2 多场景交互平台	029
3.1.3 "热—电—碳"多元生态	030
3.2 "源—网—站—户"全域协同	031
3.2.1 热源侧	033
3.2.2 热网侧	046
3.2.3 换热站	047
3.2.4 户端	050
3.3 热力系统与电力系统协同	053
3.3.1 新能源+供热	053
3.3.2 需求侧响应	054
3.3.3 "热—电—碳"协同	058
3.3.4 "算力—电力—热力"协同	062
3.4 数据安全可信	067
3.5 典型案例	070

04 政策机制与发展建议

4.1 价格机制	077
4.2 财税政策	078
4.3 未来展望	079
4.4 供热行业未来需重点关注和研究的十大问题	081
4.5 发展建议	083

01

发展现状与问题挑战

1.1 发展现状

热力（含冷、热）生产和供应行业在国民经济中占据重要地位，是能源生产和供应的基础性行业之一。居民供热是气候寒冷和严寒地区居民的生存型刚性需求，供热系统是现代化城市建设中市政公用基础设施之一。国际能源署数据显示，供热行业已成为全球最大的终端能源消费领域，约占全球终端能耗的50%，占全球二氧化碳排放量的40%。

1. 热源结构仍以化石能源为主

目前，我国北方城镇地区供热仍以燃煤清洁利用为主，热电联产、区域锅炉房等大中型集中供热作为主要供热方式，集中供热尚未覆盖的区域采用天然气、电、可再生能源等分布或分散式供热，热源结构中清洁燃煤占比约80%，电供热占比不足10%，可再生能源（以地热和生物质为主）、各类余热等其他热源作为补充。其中，东北城镇地区清洁燃煤集中供热占比高于95%。我国北方城镇供热能耗超过2亿吨标准煤，碳排放量约为5.5亿吨。供热行业节能、降碳、减污、扩绿对于全社会碳达峰碳中和及经济社会发展全面绿色转型具有重要意义。

2. 供热清洁高效水平持续提升

截至2023年底，我国95%以上煤电机组实现了超低排放，大气污染防治重点区域中大型燃煤锅炉基本实现超低排放，每小时10蒸吨及以下燃煤锅炉、大气污染防治重点区域的每小时35蒸吨及以下的燃煤锅炉等逐步淘汰，北方清洁取暖对降低$PM_{2.5}$浓度、改善空气质量的贡献率超过30%。我国北方地区供热总面积245亿平方米（城镇供热面积175亿平方米、农村供热面积70亿平方米），其中清洁供热面积186亿平方米，清洁供热率为76%（见图1-1）[①]。

图1-1 2017—2023年北方地区清洁供热变化

3.建筑领域节能水平显著提高

《建筑节能与可再生能源利用通用规范》（GB 55015—2021）自2022年4月1日开始强制执行，新建居住建筑和公共建筑平均设计能耗在2016年执行的节能设计标准的基础上分别降低30%和20%，安装热计量装置、温度调控装置等内容被纳入强制性条款。新建建筑中绿色建筑面积占比超90%，节能建筑占城镇既有建筑面积比例超64%，完成城镇既有建筑节能改造超3亿平方米。国家大力推广超低

---

① 赵文瑛，李长征，等.中国清洁供热产业发展报告2024［M］.北京：中国经济出版社，2024.

能耗建筑，支持超低能耗、近零能耗、低碳、零碳等建筑技术研发，城镇新建建筑全面执行绿色建筑标准，逐步将城镇新建民用建筑节能标准提高到超低能耗水平，加快推进既有建筑节能改造，改造部分达到现行标准规定。建筑节能标准的不断提高，既大幅降低了建筑能耗、碳排放水平，又减少了户间传热。我国建筑节能水平变化趋势如图1-2所示。

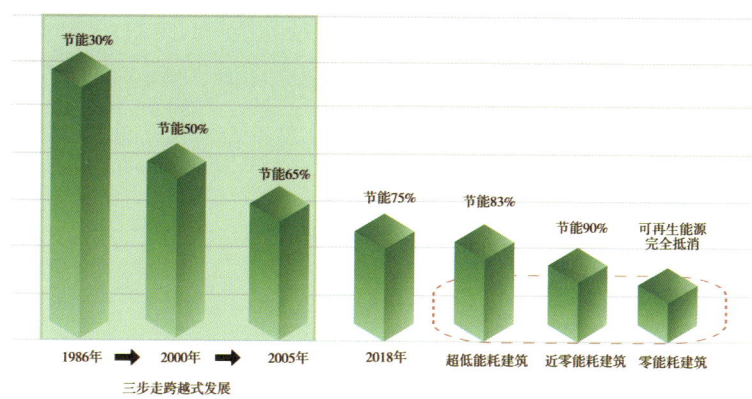

图1-2 我国建筑节能水平变化趋势

4.数据要素与供热全过程融合

物联网、人工智能、大数据等新一代信息技术快速发展，并与传统行业深度融合。在供热信息化和自动化的基础上，数据作为新型生产要素，已快速融入"源—网—站—户"各环节，形成完整的智慧供热数据信息系统，通过智能分析、智慧调度调控，有望大幅提升供热全要素生产率，促进热能资源优化配置，降低热能损耗，实现"源—网—站—户"高效协同以及精准供热、按需供热。

5.供热计量成为高质量发展基础

供热计量对建立完善供热数据要素具有基础性、战略性和支撑性的作用,"源—网—站—户"各环节流量、热量、电耗、压力、温度等参数的计量是供热系统调节控制、能耗双控及碳排放双控的基础,是实现闭环控制和精准、按需供热的基础,供热计量并不等同于狭义的计量收费。截至2023年底,我国已安装供热计量装置的建筑面积约25亿平方米,占北方城镇集中供热面积的比例不足15%,其中实现供热计量收费的面积约10亿平方米,占北方城镇集中供热面积的比例不足6%。目前,对热源、热力站供热量以及建筑物(热力入口)用热量的计量均采用热量表计量;对用户用热量的计量,新建建筑一般采用户用热量表法,部分既有建筑采用散热器热分配计法、流量温度法和通断时间面积法。

6.能源绿色低碳转型不断加速

截至2024年6月底,全国可再生能源发电装机达到16.53亿千瓦,约占发电总装机的53.8%,风电光伏合计装机达到11.8亿千瓦,已超过煤电。2024年上半年,全国可再生能源发电量达1.56万亿千瓦时,约占全部发电量的35.1%;其中风电太阳能发电量合计达9007亿千瓦时,约占全部发电量的20%,超过同期第三产业用电量和城乡居民生活用电量,新能源正逐步成为电力装机的主体。我国新能源发电已实现平价上网,部分资源条件较好的地区风电、光伏发电平均度电成本已降至0.3元以下。新能源消纳面临压力,系统灵活调节能力亟需增强。新型能源体系加快规划建设,能耗双控正向碳排放双控全面转型,能源管理体制改革不断深化,全国统一电力市场加速建设。

7.采暖制冷已成尖峰负荷主因

根据全国负荷特性分析,采暖制冷是近年来最大负荷持续快速攀升的重要原因，对最高负荷增长的贡献率接近50%，部分地区采暖制冷负荷占最大负荷比重已超过1/3。2023年夏季，全国最大制冷负荷为3.9亿千瓦，占夏季最大用电负荷的29.0%，全国制冷负荷近三年年均增长率为10.5%，高出同期统调最大用电负荷年均增速5.4个百分点。2023年冬季，全国最大采暖负荷为3.2亿千瓦，占冬季最大用电负荷的23.9%，全国采暖负荷近三年年均增长率为16.3%，高出同期统调最大用电负荷年均增速7.6个百分点。2023年，迎峰度夏期间，国网经营区平均气温每升高1℃，全国电力负荷增加约3678万千瓦；迎峰度冬期间，平均气温每降低1℃，全国电力负荷增加约1289万千瓦。随着电供暖比例增加，冬季负荷对气温敏感性也会不断增加。

1.2 问题挑战

1. 供热经济安全要求较高，滞后能源总体绿色转型

一方面，我国产业结构偏重、能源结构偏煤、能源效率偏低，能源绿色低碳转型和实现双碳目标需要大幅提高能源利用效率和非化石能源消费比重。"十五五"开始全面实施碳排放双控制度，不论是居民供暖还是工业蒸汽都是生活或生产的必需品，目前对煤炭依赖性强且对安全性和经济性较为敏感，而新能源主要以发电为利用形式，供热行业在兼顾安全可靠、经济可承受满足持续增长需求的同时如何平衡绿色低碳发展是个难题。另一方面，采暖制冷电气化率越来越高，且具有高同时率特点，带来全社会最大负荷快速增加。迎峰度夏、迎峰度冬期间尖峰负荷极易形成"瘦高"特点，负荷峰值高、持续时间短，拉大用电侧峰谷差，增加电力保供难度，需要全社会保持较高的电力容量冗余和备用，带来系统成本上升，推高全社会用电成本。新型电力系统面临的主要挑战如图1-3所示，电力与热力转型相互影响如图1-4所示。

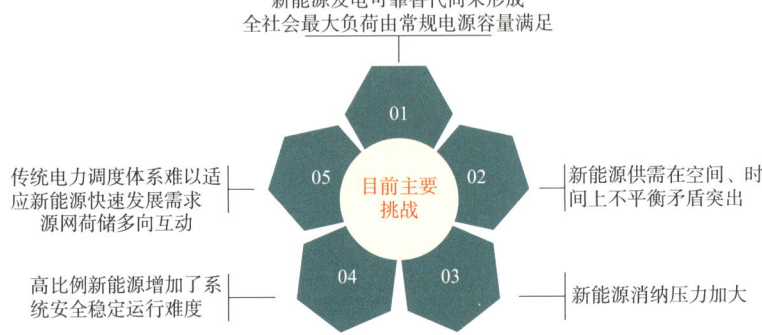

图1-3　新型电力系统面临的主要挑战

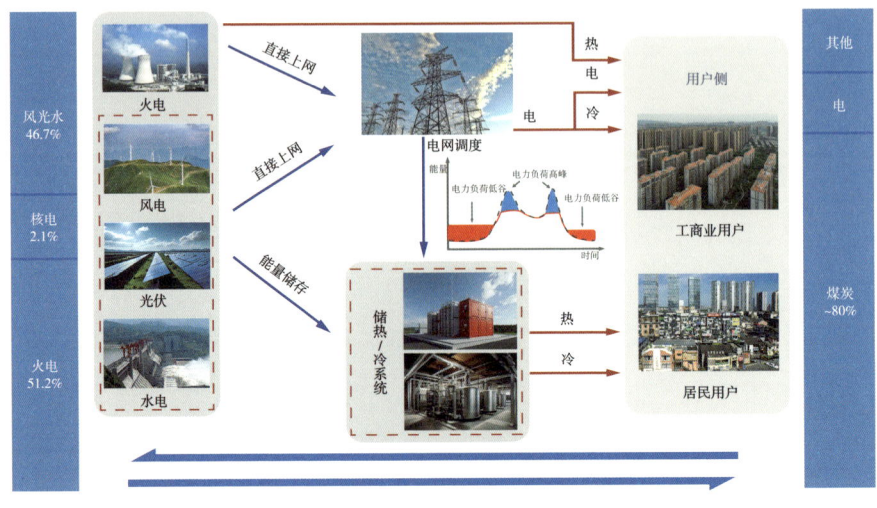

图1-4　电力与热力转型相互影响

2. 供热数智化水平较低，距高质量发展要求甚远

现代化产业体系是新发展格局的基础，是推动高质量发展的必然选择，建设现代化产业体系的重要任务是持续提升产业的技术和管理现代化水平。现阶段，供热运行管理方式仍较为粗放，大部分热源、热力站、主干网虽然有自控设备，但是调控调度主要依赖人工经验，二级网及末端管理不足，导致系统能耗偏高，过量供热和冷热不均问题共存，楼内供热分配不平衡难以根治，对供热系统和供热效果的在线监测能力以及对事故预警和防范能力不足，通过智慧供热管理实现节能的潜力尚未充分挖掘。供热行业目前存在的主要问题如图1-5所示。

图1-5 供热行业目前存在的主要问题

3. 供热价格与成本倒挂，价格形成机制有待完善

多数城市现行居民供热价格已执行十年以上，能源价格不断上涨，价格与成本倒挂，煤热价格联动有名无实，导致热力企业成本无法疏导，经营困难重重。城镇集中供热是保障性民生工程和公用事业服务，不是"福利"，在建设全国统一大市场背景下，政府、企业、用户的责权关系仍不明晰，投资、建设、运维、使用等主体责任仍不明确，科

学、规范、透明的供热价格形成机制需要进一步完善，政府"暗补"有待变"明补"，价格与投入分摊机制尚需健全。

4.供热计量推进不及预期，基础设施投入需要加强

虽然供热计量在部分地区、部分项目上取得一定成效，实现了企业降本增效、居民受益、全社会节能降碳，但是总体上进展未达预期。产生问题的原因是多层次的。首先，热企观念有待更新，供热计量是智慧供热调节控制的数据基础，不等同于"收费模式"；其次，缺乏建设资金，供热计量设备设施和配套软件系统建设投入较大，而热力企业常年处于营收平衡的微利或政府补贴亏损的状态，初始建设成本对供热企业仍然造成较大压力；再次，供热计量成本未纳入价格，计量装置的维护和到期更换问题难以解决；最后，相关部门未形成合力，部门之间缺乏有效协调机制等。

5.智慧供热质量参差不齐，缺少行业标准和质量评价

相关主体对智慧供热概念、建设标准缺乏统一认识，项目质量参差不齐，多地已开展较多智慧供热项目或进行供热设施系统信息化升级，但存在多平台、多协议、多标准、重展示轻应用等问题。智慧供热相关的标准规范涉及系统建设规范、施工验收规范、计量标准、数据标准，此外还涉及政府监管部门的管理标准和规范，以及供热企业内部的生产运行和经营管理相关的流程标准。这些标准和规范仍需持续完善，亟待统一规范和认识。

6.多能协同互补有待加强，关键技术设备仍需研发

供热行业绿色低碳热源占比少，需要加快发展可再生能源供热，太阳能、地热能、空气能、生物质能、天然气、各类余热资源等多能互补技术；多热源协同控制仍需加强；供热"源—网—荷—储"一体化协同以及人工智能热网调度算法、室温软测量算法、人工智能气候补偿算法等基础理论研究和实践仍不足；末端计量调控技术设备及闭环控制系统仍需加大研发投入。

02

形势要求与内涵特征

2.1 双碳目标下的新要求新趋势

实现碳达峰碳中和是一场广泛而深刻的经济社会系统性变革，是党中央经过深思熟虑作出的重大战略决策，是建设中国式现代化的必然选择，事关国家生态文明建设，事关经济社会发展和全球气候治理。党的二十大报告强调要"积极稳妥推进碳达峰碳中和""深入推进能源革命""加快规划建设新型能源体系"，为我国能源高质量发展指明了前进方向，提出了更高要求。我国能源转型关键指标变化情况如图2-1所示。

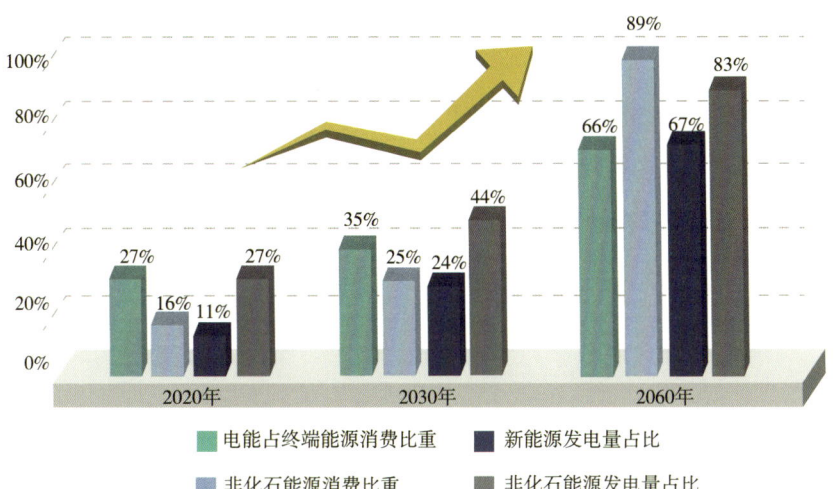

图2-1 我国能源转型关键指标变化

资料来源：国家能源局、国家统计局、国家电网等公告或研究成果。

碳达峰碳中和是一个长期性、系统性工程，既要着眼长远，又要立足当下，控制化石能源总量，着力提高利用效能，实施可再生能源替代行动，深化电力体制改革，构建安全高效、清洁低碳、柔性灵活、智慧融合的新型电力系统。

建设新型能源体系要坚持系统思维，全局谋划，统筹好安全与发展、保供与转型、管好与放活，在多目标、多约束、多变量下解好新能源可靠替代的"多元方程"，实现"谋全局"与"谋一域"、"谋一世"与"谋一时"的有机统一，处理好系统与局部、长时与瞬时的协调有序，依靠创新驱动在"源—网—荷—储"全环节共同发力，形成降碳、减污、扩绿、增长协同发展的新局面。

供热行业是碳排放的主要领域之一，《中共中央 国务院关于完整准确全面贯彻新发展理念做好碳达峰碳中和工作的意见》（中发〔2021〕36号）、《国务院关于印发2030年前碳达峰行动方案的通知》（国发〔2021〕23号）等文件明确要求加快提升建筑能效水平和运行管理智能化水平，加快供热计量改革和按供热量收费，持续推动老旧供热管网等市政基础设施节能降碳改造，加快优化建筑用能结构，加快推进热电联产集中供暖，加快工业余热供暖发展，因地制宜推进热泵、燃气、生物质能、地热能等清洁低碳供暖。国务院《加快推动建筑领域节能降碳工作方案》（国办函〔2024〕20号）明确推进供热计量和按供热量收费，要求各地区结合实际制定供热分户计量改造方案，明确量化目标任务和改造时限。

住房和城乡建设部、国家发展改革委《城乡建设领域碳达峰实施方案》（建标〔2022〕53号）指出，2030年前城乡建设领域碳排放达到峰值，建筑节能水平大幅提高，能源资源利用效率达到国际先进水平，用能结构和方式更加优化，可再生能源应用更加充分，推动建筑热源端低碳化。

在碳达峰碳中和目标下，供热行业不仅要"向内看"也要"向外看"，把握好在新型能源体系中的新定位、新角色、新作用，不断适应新能源大规模发展需要，加快绿色低碳转型步伐，加快形成新质生产力，依靠技术创新，以高质量发展满足不断变化的市场需求，培育供热行业新技术、新业态、新模式，助力现代化产业体系建设。为此，供热行业未来要加快实现"四个转型"。

1.加快供热智慧化转型，实现从传统粗放产业到现代化产业的转变

建设现代化产业体系要求供热行业加快"源—网—站—户"的自动化、信息化、智慧化升级改造，夯实供热数据要素基础，供热系统与物联网、人工智能、大数据等新一代信息技术加速深度融合，尽快实现供热"可监测、可调节、可计量、可预测"，实现供热科学化、精细化、智慧化，解决系统失衡问题，大幅降低系统能耗，提高企业精细化和现代化管理水平，提升供热质量和服务水平，助力城市治理"一张图"建设。

2.加快供热多元化转型，实现从单一化石能源依赖到多能互补的转变

在新型能源体系下，能源供给侧结构性改革，化石能源与非化石能源消费占比逐渐发生颠覆性变革。在传统化石能源"有序退"的基础上，供热系统也应不断扩大新能源消费，坚持集中式供热和分布式供热并举，积极扩大生物质、地热、太阳能等可再生能源供热和余热

利用，并通过储热蓄冷减少可再生能源波动性影响，通过热泵等设备提升供热品位和能效，辅助数智、柔性技术以提升系统的灵活性，从而实现充分利用各类热源互补互济特性建立多元绿色低碳热源供应结构，形成多能互补的综合智慧能源体系。"多储热柔"协同互补系统如图2-2所示。

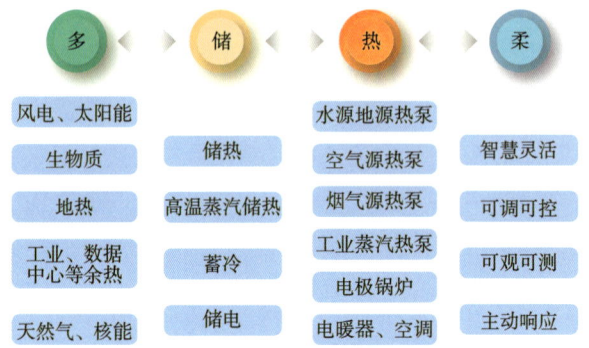

图2-2 "多储热柔"协同互补系统

3. 加快供热灵活化转型，实现从单一热价向两部制热价的转变

在供热智慧化和建筑节能改造的基础上，供热末端可调节性以及灵活性将不断提升，居民用热需求也更加个性化、灵活多变，传统按时长、按面积单一热价制度逐渐难以适应需求变化，按需供热以及居民自主可调成为趋势。需要因地制宜推广更加科学、合理的两部制热价，通过更加精准的计量调控手段，在满足民生保障的基础上，允许用户按需取热，"多用多交，少用少交"，将建筑节能的效益传导到居民，采用分户计量收费激励用户主动节能降碳。

4. 加快供热协同化转型，实现从基础保障型向对系统主动支撑的转变

电与热在平衡、稳定、储存等特性上具有较强互补性，大力推动

"热电协同,跨网互济",热力系统未来将成为电力系统灵活调节的巨大"存储池""缓冲器"。供热系统的热网和负荷侧均有热惯性,可适应灵活电能调度,克服可再生能源发电带来的波动性。新能源高发时段启动电热泵、电蓄热等设备,消纳过剩电能,低发时段则减少供热设备运行,稳定电网运行。通过储热蓄冷降低用热用冷同时率,削减全社会最大用电负荷,减少电力保供压力,降低系统容量成本。热力系统通过智慧化转型,增强可观、可测、可调、可控性能,为新能源消纳腾挪时空,促进新型电力系统的整体优化。未来,热力系统应与电力市场、碳排放市场有机结合,实现"热—电—碳"协同调控,将供热对可再生能源消纳、节能减排、电网调峰调频的作用转化为企业效益。

2.2 新型智慧供热系统的内涵和特征

"传统智慧供热"或"狭义的智慧供热"主要是指供热系统自身的升级优化,以供热信息化和自动化为基础,运用物联网、大数据、人工智能等信息技术对"源—网—站—户"各环节进行智慧化升级改造,打破信息孤岛,形成具有自感知、自分析、自诊断、自优化、自调节、自适应特征的智慧供热系统,实现系统全过程的信息互联、供热调控的智能决策、基于模型和数据的科学决策,全面提升供热安全性、可靠性、舒适性,降低系统能耗,显著提高供热质量和服务水平（见图2-3）。

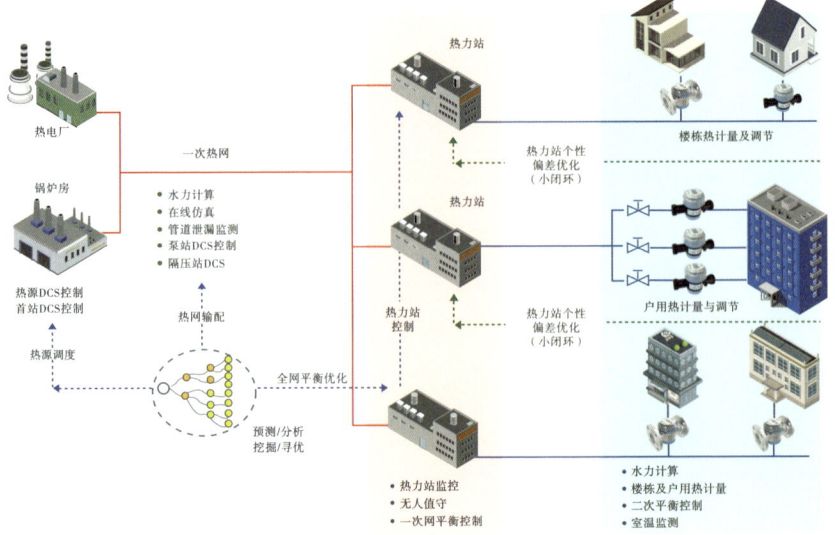

图2-3 传统智慧供热系统架构

"新型智慧供热"或"广义的智慧供热"是指在碳达峰碳中和目标指引下，以节能降碳、提升供热安全保障能力为核心目标，以供热信息化、自动化和智慧化为基础，供热行业进一步深度融合新一代数字技术和新质生产力，实现"源—网—荷—储"全域协同、热力系统与电力系统协同、计量与调控协同，实现"精准供热"和"按需供热"，实现绿色低碳转型和高质量发展，成为建设清洁低碳、安全高效的新型能源体系的重要支撑。新型智慧供热具备多元灵活、智慧调控、精准按需、协同主动四大重要特征，其中多元灵活是主要途径，智慧调控是基础保障，精准按需是核心目标，协同主动是重要支撑（见图2-4）。

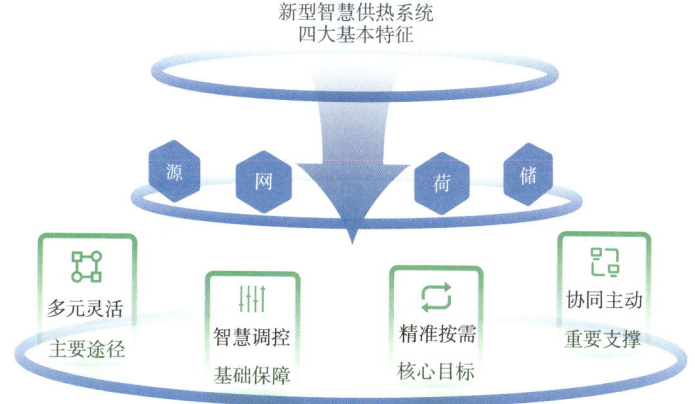

图2-4　新型智慧供热系统四大基本特征

多元灵活是供热行业绿色低碳转型和高质量发展的主要途径。加快推进火电灵活性改造和供热改造，实施热电解耦，因地制宜推进热泵、燃气、生物质能、地热能、太阳能、核能、工业余热、新型余热等清洁低碳供热，在化石能源"有序退"的过程中不断增加非化石能源消费占比，坚持集中式与分布式并重，实现多品种多品位能源互补互济、灵活控制，强化分布式热源管控能力，保障居民生活和工业生产所需（冷）热能。

智慧调控是新型智慧供热的基础保障。新型智慧供热"源—网—荷—储"通过数字化、智慧化升级，实现按需精准调控系统中各层级、各环节，达到全域协同和闭环控制。其中，供热计量是构建新型智慧供热系统的必要环节。"源—网—站—户"各环节物料、热量、温度、压力等参数的计量是实现供热系统智慧调控、能耗双控、碳排放双控的必要手段，对构建新型智慧供热系统具有基础性和支撑性的作用。

精准按需是新型智慧供热的核心目标。建设新型智慧供热旨在促进供热系统节能降碳、提升供热安全保障能力，末端精细化平衡调控和闭环控制是系统节能的核心环节，精准供热和按需供热是高质量供热的主要体现，也是企业精细化管理水平和现代化服务能力的体现。建筑节能是精准按需供热的保障，两部制热价是精准按需供热的基础，科学、合理、透明的两部制热价有利于厘清政府、企业、用户的责权关系，有利于健全政府投入机制，有利于保障热力安全稳定供应，满足不断变化的供热市场需求。

协同主动是新型智慧供热系统对新型能源体系的重要支撑。热与电在物理特性上具有较强的互补性（见图2-5），热力系统将成为新型电力系统强大的灵活调节资源，"新能源+供热"模式使热力负荷成为新能源消纳的重要负荷，供热设施和热负荷通过聚合为"虚拟电厂"，成为电力市场的参与主体，主动参与电力系统削峰填谷、调峰调频服务及需求侧响应，提升对电力系统的平衡能力和主动支撑能力。供热（制冷）负荷已是全社会最大负荷增量主要成因，供热（制冷）负荷的主动削峰有利于降低最大负荷及尖峰负荷时段压力，减少系统电力容量冗余，保障电力供应安全。

图2-5 热—电协同互补特性

实现新型智慧供热：在居民用户层面，可以解决冷热不均、过冷过热等问题，实现精准供热和按需用热，大幅提升舒适度、满意度和幸福感。在供热企业层面，具有显著的节能效益，供热能耗可降低20%左右、电耗降低约20%、水耗降低约30%，显著降低供热成本，提高供热能力，增加供热面积，提升供热安全保障能力和精细化管理水平。在地方政府层面，可以显著降低地方财政补贴压力，提高能耗和碳排放管理水平。在全社会层面，可以显著节约能源和减少碳排放，仅通过系统节能每年即至少可节约4000万吨标准煤，减少二氧化碳排放9000万吨以上，考虑热源结构调整每年具有数亿吨二氧化碳减排潜力。同时，假设2030年冬夏供热制冷最大负荷减少20%，则可以减少1.65亿千瓦电力容量备用及对应容量煤电装机，节约6000多亿元的煤电投资，对于保障我国能源电力安全、实现碳达峰碳中和目标意义重大。

03

内容架构与典型案例

3.1 系统总体架构

新型智慧供热系统的建设旨在提高供热效率，降低能源消耗和碳排放，减少环境污染，同时提升用户的舒适度和满意度。通过智慧化升级改造可以实现供热系统的全过程信息互联、智能决策和科学调控，从而推动供热行业的高质量发展。

新型智慧供热系统总体架构由数字化基础设施和数据中台、多场景交互平台以及"热—电—碳"多元生态等三部分构成（见图3-1）。

图3-1 新型智慧供热系统总体架构

3.1.1 数字化基础设施和数据中台

数字化基础设施通过在"源—网—站—户"各环节设置热量表、平衡阀等智控设备，融合L值平衡控制算法、室温软测量、用户侧数字孪生、用热行为侦测等边缘计算，采用区块链可信加密数据传输，由监控服务器集群围绕实时数据库，构建包含负荷预测、气候补偿、流量指数模型、能量指数模型等高级算法的数据中台。

传感器和执行系统：通过各种传感器来实时监测供热系统中的关键参数，如温度、压力、流量等，并通过平衡阀、调节阀等执行机构，实现流量和热量等参数的控制和调节。

边缘计算模块：通过嵌入传感器和执行系统的边缘计算模块，实现高密度、低延迟的前端数据处理。特别是以平衡热量表为代表的表阀一体智控设备，通过内置L值平衡控制算法等边缘计算模块，实现水力平衡的解耦，就地实现闭环控制，具有高度的自治性和系统安全性。

数据通信和传输系统：将传感器收集到的数据，通过有线或无线通信技术传输到云端和企业数仓，并将执行指令下载到各个执行机构。内置于传感器和执行系统的区块链加密算法能将热量等关键数据以可信加密的方式，通过区块链传输至各个应用端，防止数据篡改，实现数据源头可信。在加密传输的同时建立执行指令下载的安全通道，保证执行机构的安全运行。

实时数据库：采用时间序列数据库技术构建的实时数据库能够以极低的延迟处理和存储数据，同时提供高可靠性和高可用性。具有高速数据处理、时间戳、数据完整性、并发控制、冗余和容错、事务处理、历史数据管理等功能。构建于开源LINUX操作系统的实时数据库能满足系统安全要求。

数据处理与分析系统：对采集和边缘计算捕获的数据进行处理和分析、数据挖掘和建模，以优化供热系统的运行。如流量指数模型、能量指数模型、热源能效分析模型、室温软测量模型、管网水力和热力模型、数字孪生和异常分析等，为控制和决策提供依据。

3.1.2 多场景交互平台

基于数据中台，围绕热源管控、热用户、热力运营商、服务运营商、能耗监测平台等各方应用要求，构建监控平台、优化调度平台和管理平台等应用平台，提供多平台、多场景人机交互。依托"源—网—荷—储"多种智慧供热技术，实现能源智慧调度、系统监控、平衡控制、能耗预测、能耗分析、故障诊断、需求响应等综合功能，从而提升热网运行的综合效益。

监控平台：对供热过程提供全流程可视化监测和控制，包括智慧供热驾驶舱、平衡调节、能耗分析、故障诊断、报表管理、需求响应、权限管理等综合功能。

控制与调度决策模块：根据数据分析结果，实现供热系统的智能控制和调度，包括热源调度、热网平衡以及热用户的末端调节，实现以"负荷需求为导向"的"拉动式"供热，进而实现热电协同。流量指数是热网运行的边界条件，能量指数是热网运行的优化目标，围绕用户侧需求和热源能效实现热能的高效调度。

能源智慧调度模块：为能源的高效生产提供调度和决策，包括：供热能耗预测、电力负荷预测、储能设备容量管理、能源调度系统、能源决策系统、评价系统等，进而使热力系统参与电力系统的主动削峰，实现热电协同。

热用户界面模块：为热用户提供交互界面，包括手机APP、小程序等形式，使热用户能够查看和调节自己的用热需求，实现按需供热。交互界面包含室温调节、模式设置、热费缴纳、热费管理、故障报修、工单管理等功能。

资源管理模块：为了更好地管理供热系统而设立的人员、设备、物料等资源的管理系统，以提升供热能效、保证供热安全、提高供热满意度。

3.1.3 "热—电—碳"多元生态

供热智慧化系统建设，通过热力系统与电力系统的协同机制实现冷热负荷的聚合，形成虚拟电厂，参与电力市场交易和电网运行，通过主动削峰平衡电力供需。

"源—网—荷—储"全域协同、计量与系统调控实现"精准供热"和"按需供热"，加上零碳建筑的推广，需求端能源进一步降低。同时，零碳和低碳能源占比的提升，均有利于降低供热行业的碳排放，从而推动供热行业参与碳交易市场。

新型智慧供热传感器和执行机构的热量、流量、温度等参数，利用区块链可信加密数据传输技术，实现数据源头可信、数据资产化，推动企业供热数据入表。

围绕针对热用户的供热服务，构建用户金融生态、服务生态、家庭能源管理等多元化生态体系，进一步推动供热服务线上化、生态化。

3.2 "源—网—站—户"全域协同

传统的供热系统是以"能源生产为导向",热源侧保持供应总量,用户侧分摊的"推动式"供热。新型"源—网—站—户"全域协同的供热模式是以"负荷需求为导向",根据实际需求生产热量的"拉动式"供热。利用新一代信息化技术,将水力平衡和热力平衡的调控需求归一为各个层级的标准流量指数和能量指数,按"户内—热用户—单元—换热站—热源"的顺序逐级依次向上传递,能量逐级向下精准配送,进而实现包括"热电协同"在内的"源—网—站—户"全域协同(见图3-2)。

图3-2　全域协同热能管理示意图

换热站的流量指数由各热用户的流量加权平均而成,并进行归一化处理。流量指数作为二级网循环量闭环控制反馈信号,实现水力的精准调控,降低循环水泵电力消耗。采用具备室温软测量算法的平衡热量表作为热用户的智控终端,能量指数由各热用户的室温软测量数据加权平均而成,并作归一化处理(见图3-3)。换热站的能量指数进一步向热源端反馈热量需求，标准化的能量指数使得热源端能根据各个换热站的需求情况统一分配热能给各个换热站，实现热源的精准调控。采用以能量指数为核心的热能分配体系，热源可以充分利用供热系统的热惰性最大限度地考虑电力系统的负荷特性，采取主动削峰等技术手段，降低电力系统的容量投资。

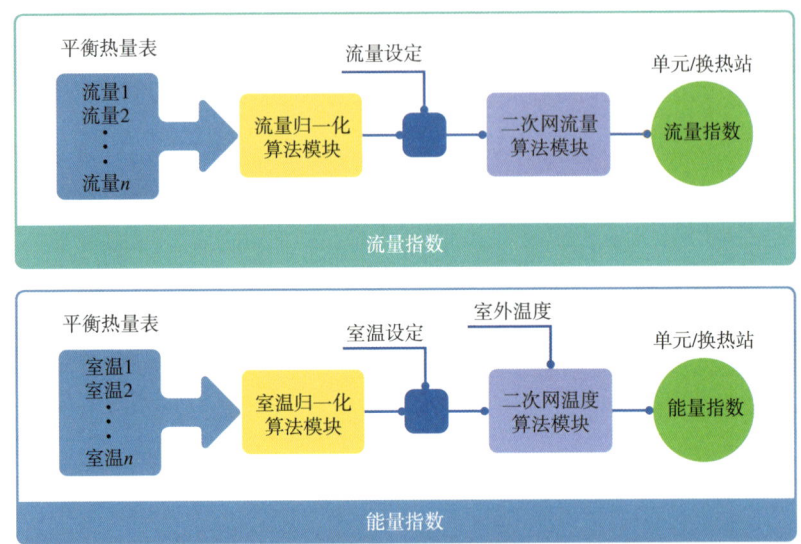

图3-3　换热站层级流量指数和能量指数示意图

同样的原理，采用L值平衡控制算法的热用户智控设备，可以将换热站的热能按L值设定的比例关系将热电协同所需调控的热能均分到建筑的各个角落，充分发挥供热系统对电力系统峰值的消纳。

全域协同热能管理平台（TEMPED）基于数字化基础设施，建立各个层级的流量指数模型和能量指数模型，实现各个层级的设备监控、数据预处理等。结合节能优化、管路诊断、能耗分析、设备管理、统计报表等，以个性供热、舒适供热为目标，对供热系统进行全数字化的监控和高度智能化的管理，实现系统监控、节能降耗、客户管理、人员管理、设备管理、资源管理等综合管理功能。

3.2.1 热源侧

传统供热系统热源多为化石能源，以燃煤、天然气热电联产为主，以燃煤、天然气锅炉等为辅，造成空气污染和温室气体排放等问题。供热系统热水温度范围为60℃~100℃，对能源品位要求较低，使用化石能源等高品位燃料进行供热会造成能源浪费。新型智慧供热热源侧主要技术涵盖绿色化、低碳化转型措施，包括燃煤热电联产及生物质能、地热、核能余热、太阳能等不同热源方式，以及可辅助协同上述热源的热泵、储热（冷）技术。

1. 煤电"三改联动"

我国提出煤电节能降碳改造、灵活性改造、供热改造"三改联动"工作。改造后，煤电机组能降低煤耗和污染物排放，同时提高供热能力和热效率，并通过提升自身灵活调节能力促进新能源消纳。但灵活性改造后，煤电机组频繁变工况及长期低负荷运行也将带来供电煤耗上升、设备损耗等问题。

纯凝机组的改造技术主要有打孔抽汽、低真空供热、循环水余热利用等。热电联产机组的改造技术思路是将供热和发电出力解耦，其技术主要包括耦合热泵、电锅炉、低压储罐运行、低压缸光轴运行、低压缸零出力等，这些技术具有使能源利用效率增加、提高机组运行灵活性等方面的优势。经改造后煤机最小稳定出力降低、爬坡速度提高、启动时间缩短，对智慧供热系统优化调控、降低能耗、提高灵活性等具有有利作用。

2021—2023年，全国完成煤电节能降碳改造、灵活性改造、供热改造超7亿千瓦。当前我国煤电机组服务年限低，短期内煤电仍是我国电力供应主体。随着能源结构转型，可再生能源规模不断扩大，未来煤电占比将逐步减小，但仍需保留一定规模煤电承担调峰调频以及系统容量保障作用。

2. 生物质能

生物质能作为零碳排放能源，可以有效替代传统化石能源，进行发电、供热、合成生物质基液体燃料等。

目前，生物能主要利用技术有生物质直燃技术和生物质气化技术。生物质直燃技术较为成熟，设备相对简单，操作维护相对容易，但产品单一、燃烧效率相对较低，燃烧后会产生灰渣需要进行处理，增加了运营成本和环境管理难度，经济效益较差。生物质气化技术是将生物质在高温、缺氧或氧气限制条件下转化为可燃气体及其他产品。其技术主要包括生物质气化替代天然气（煤）供热技术，生物质气化发电多联产技术，生物质气化耦合燃煤机组发电技术，生物质气化合成天然气、甲醇、航空煤油、制氢技术等（见图3-4）。

生物质燃气可用来制备气体燃料、液体燃料及其他化工产品，也可替代天然气用于相关工业生产；热以蒸汽或者热水形式利用，用于工业用热或居民供暖；生物炭可用于水污染治理、土壤修复、化学肥料减施等多个行业。

图3-4 生物质气化技术示意图

据统计，目前我国生物质清洁供热量已超过3亿吉焦，其中生物质清洁供暖面积约3亿平方米。预计到2030年，生物质清洁供热面积将达到4亿平方米。

案例一：德博永锋工业园生物质供蒸汽及综合利用项目

项目于2018年9月开工建设，当年12月投产。项目建设2台额定产气量为3000Nm³/h的下吸式固定床气化反应器和1台10t/h蒸汽锅炉及其配套辅助设备，总投资约2000万元。项目年销售收入2702万元，年利润总额934.8万元。年消纳农业废弃物（稻壳、秸秆）2.8万吨，年替代标准煤1.31万吨，年减排二氧化碳3.53万吨，年供热7.0万吨，年产生物炭0.84万吨。锅炉尾气污染物排放浓度能够满足新建天然气锅炉的排放标准，生物炭全部作为炭产品销售，系统无焦油、污水、灰渣排放。

案例二：华电集团湖北襄阳10.8MW生物质气化耦合燃煤机组发电项目

项目于2018年6月26日投产，建设1套循环流化床生物质气化炉，气化炉产生的生物质燃气送至锅炉与煤粉耦合燃烧。该项目以周边稻壳和秸秆（玉米、小麦、水稻）等为原料，每年处理农林残余废弃物约5万吨，并依托现役煤电机组发电系统，年发电量为5900万千瓦时，年节约标准煤约1.8万吨，减排二氧化碳约5万吨。

3.地热

地热是一种无污染、可再生的清洁能源，具有数量巨大、不受气候和日照的限制、就地取用等优势。根据赋存埋深和温度[①]，我国地热资源主要划分为浅层地温型、水热型、干热岩型。浅层地温型

---

① 蔡美峰，多吉，陈湘生，等.深部矿产和地热资源共采战略研究［J］.中国工程科学，2021，23（6）：43-51.

（深度<200m、温度<90℃）地热资源遍布全国，浅部地热能量约为9.5×10^9tce，可利用资源量约为7×10^8t/a。水热型（中、深层中温，深度为200~3000m、温度为90~150℃）地热资源主要集中在大型沉积盆地区，能量约为1.25×10^{12}tce，已经或正在开发利用的主要是小于200m的水热型地热资源。干热岩型（深度为3~10km、温度为150℃~650℃）地热资源的开发潜力是浅层地热资源的100~1000倍，我国深部高温岩层中的地热能资源量约为8.6×10^{14}tce。干热岩型地热资源被视为未来最佳的替代能源类型之一，世界各国都致力于对其实现高效开发利用。

目前，地热供暖的主要技术有两种：热泵技术开采利用的浅层地热能、人工钻井直接开采利用的中深层地热能（见图3-5）。地源热泵是以浅层地热(土壤、地下水、地表水、低温地热水和尾水)作为热泵夏季制冷的冷却源、冬季采暖供热的低温热源；同时也是实现采暖、制冷和生活用热水的一种系统，即在夏季将建筑物中的热量"取"出来释放到土壤或水体中去，冬季则是通过热泵机组从土壤或水体中"提取"热能送到建筑物中采暖。利用中深层地热能则需要通过钻孔的方式来建造井筒，提取地热资源，一般分为开环地热系统和闭环地热系统。对于闭环系统，工质不与岩石直接接触，而是在闭环井筒中循环，井筒附近高温岩石的热量通过井筒壁传递给流体。开环系统主要包括热液系统和EGS（增强型地热）系统，工作流体被注入储层，并通过与岩石的直接接触提取热量。

据统计，到2021年底，我国地热供暖（制冷）能力达到13.3亿平方米，其中水热型地热供暖能力5.3亿平方米、浅层地热供暖（制冷）能力8.0亿平方米，干热岩型利用以示范为主。预计到2025年地热供暖（制冷）面积将达20亿平方米，2035年地热供暖（制冷）面积将达40亿平方米[①]。

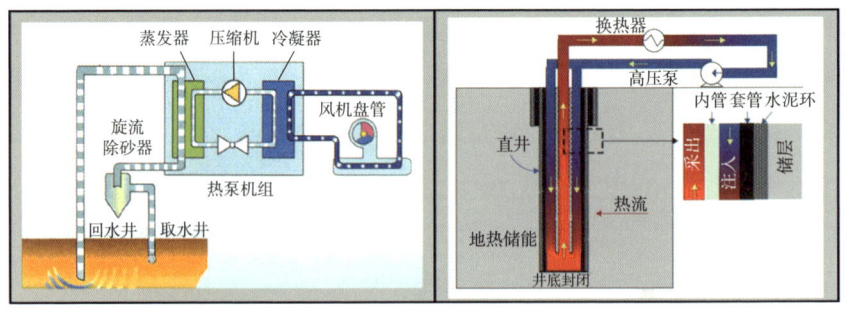

(a) 浅层地源热泵　　　　　(b) 中深层地热利用

图3-5　地热能系统

案例三：北京城市副中心中深层地热供暖试点示范项目

项目位于北京市通州区，预计将于2024年12月完工，建成后总供面积为35.3万平方米，每年可利用地热资源量7.16万吉焦，减少天然气使用量200万立方米，减排二氧化碳7650吨，基本实现零碳排放。该项目采用"地热+"多能耦合运营方式，并通过智能化管控实现全过程高效换热，节能降耗率达60%，新建地热井5口、热源站1座，开钻井设计井深3000米，预计开采温度55℃。

案例四：天津市滨海新区泰达地热智慧开发利用项目

项目包括建于20世纪80年代末的4口地热井，早年未配套建设回灌井，已于2015年停止取热。4口地热井于2022年重新开发利用，采用合同能源管理方式，配建回灌井，已建成投运。项

---

① 贾艳雨，常青，王俞文，等.我国地热能开发利用现状及双碳背景下的发展趋势[J].石油石化绿色低碳，2021，6（6）：5-9.

> 目采取地热水梯级利用方案，提高地热利用效率。采用智慧供热系统，基于负荷预测的人工智能控制技术、数据挖掘的优化控制策略，实现热源的供热运行曲线的动态仿真。该项目为滨海新区新增地热供暖面积50万平方米，每个采暖季节能7028吨标准煤，项目能源费用节省40%、地热开采费用节省50%、其他运行费用节省28%。

4. 核能余热

核能供热是我国核能综合利用的重要方向。《2030年前碳达峰行动方案》提出积极稳妥开展核能供热示范。核能供热技术具有低碳清洁、能量密度高、供热成本低、运行稳定、维护方便、经济性好、无污染零排放等优势，可作为基荷热源大规模使用。

我国海阳、秦山、红沿河核电站供暖示范项目陆续投产，2023—2024年供暖季核电供热面积达到1320万平方米[①]。在工业蒸汽方面，不同类型核反应堆设计参数范围可覆盖石化及加工制造业所需的各个蒸汽参数等级，我国首个工业用途核能供汽工程——田湾蒸汽供能项目顺利完成调试，浙江三门核能工业蒸汽改造正有序推进，国内首个以供汽供热为主要目的兼顾电力供应的核电项目——江苏徐圩核能供热一期工程于2024年8月获国务院核准。全球首座具有四代核电技术特征的核电站——山东石岛湾高温气冷堆示范工程正式投入商业运行。高温气冷堆反应堆出口温度可达700℃~1000℃，可以满足绝大多数领域的热力需求。

---

① 中国核能行业协会. 中国核能发展报告2024［M］. 北京：社会科学文献出版社，2024.

核能供热主要有两种方式，分别是大型核电厂热电联产和低温供热堆。低温供热堆主要代表有"燕龙"池式低温供热堆、清华大学NHR200-Ⅱ供热堆、"玲珑一号"商用模块化小堆和国电投一体化小型堆等，可兼顾民生供暖和工业蒸汽需求，厂址选择更加灵活，尚处于试验研究阶段。目前我国已投运的核能商用供热项目均采用热电联产方式。

据统计，根据当前核电布局，利用北方地区已投运核电项目进行供暖，具备实现1.6亿平方米核能供暖能力。随着在建核电机组陆续建成投产，预计2030年将具备3.2亿平方米核能供暖能力[①]。预计当核能供热面积占总供热面积4%时，相比燃煤锅炉供热可减少二氧化碳排放约0.7亿吨[②]。

未来核能供热蕴藏着巨大市场空间，核能的稳定、安全、经济供能，可以作为新能源供能的有力补充，消除新能源供能随机性、波动性、不稳定性的影响，保障综合供能安全。在新型电力系统下，核能在以下场景可以实现高效综合供能：耦合消纳绿电的高温长时蓄热锅炉，实现稳定供汽；稳定供热高效海水淡化；耦合海风等新能源实现绿电制氢。以核电稳定性作为基础保障，通过多能源长时间尺度供能管控平台及高效设备调度策略可以实现核能智慧化综合利用，打造核能智慧化综合利用产业集群，不断提升能源利用效率和资源利用率。核能供热原理如图3-6所示。

---

① 中国核能行业协会.中国核能发展报告2023［M］.北京：社会科学文献出版社，2023.
② 王海洋，荣健.碳达峰、碳中和目标下中国核能发展路径分析［J］.中国电力，2021，54（6）：86-94.

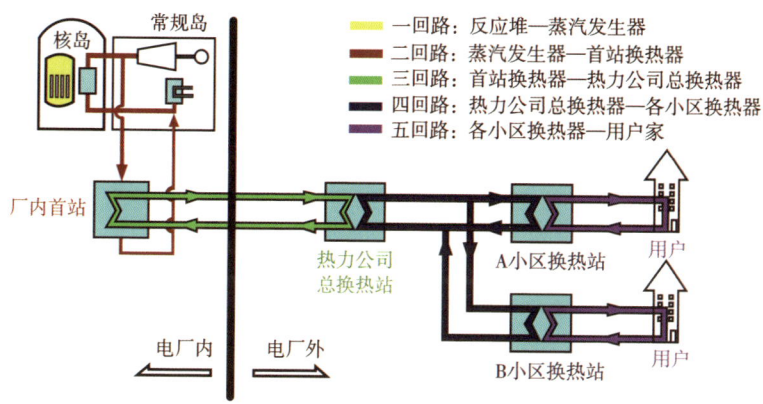

图3-6 核能供热原理示意图

案例五：海阳核能"暖核一号"供暖项目

海阳核电厂1、2号两台百万AP1000机组城市采暖供热工程（"暖核一号"）自2019年到2023年已建成三期，逐步实现园区、县域、区域级供热。2019年11月，"暖核一号"一期工程（园区级）建成投运。热源来自核电厂的辅助蒸汽，供热能力31.5兆瓦，供暖面积70万平方米。2021年11月，"暖核一号"二期工程（县域级）建成投运。热源为核电厂1号机组的高压缸排汽抽汽，供热能力202.5兆瓦，供暖面积达到450万平方米，海阳市成为全国首个零碳供热城市。2023年11月，"暖核一号"三期工程（区域级）建成投运，总投资约6亿元。热源为核电厂2号机组的高压缸排汽抽汽，供热能力900兆瓦，供暖面积可达3000万平方米，目前已经实现向海阳、乳山共计1250万平方米供暖。"暖核一号"五个供暖季累计提供零碳热量901万吉焦，节约原煤消耗81万吨，减排二氧化碳149万吨；减少向海洋排放热量676万吉焦。

案例六：红沿河核电厂核能供暖项目

项目于2022年11月正式投运，是东北地区首个核能供暖项目，覆盖大连市瓦房店红沿河镇，惠及当地近两万居民。规划供热面积24.24万平方米，最大供热负荷为12.77兆瓦，利用红沿河核电站汽轮机抽汽作为热源，替代红沿河镇原有的12个燃煤锅炉房。项目新建一级管网近10千米，二级管网5.7千米，新建换热站4座。项目投产后每年将减少标准煤消耗5726吨，减排二氧化碳1.41万吨。

案例七：田湾核电厂核能供热项目

中核集团田湾核电蒸汽供热项目于2024年5月建成投运，这是全国首个工业用途核能供汽工程。该项目以田湾核电厂3、4号机组二回路主蒸汽作为热源，向徐圩石化工业园区提供蒸汽，长输供汽主管线总长度约23.36千米，出核电厂区的工业用过热蒸汽压力1.8兆帕、248℃、600吨/小时，年供汽量480万吨。通过管道预制架空蒸汽保温方案等措施，控制每千米温度损失小于2℃、压降0.03兆帕以内，有效控制蒸汽长距离传输过程中温度和压力的损失，满足连云港石化产业基地工业用汽需求。该项目每年可节约46万吨标准煤，减少碳排放约127万吨。

5.太阳能供热

太阳能供热可分为直接利用太阳能光热和间接利用光伏发电供热。直接利用太阳能光热可采用集热器或耦合热泵加热工质，工质再通过循环系统将热能直接传递至室内。间接利用光伏发电供热可采用光伏发电＋热泵、光伏发电＋集热器耦合热泵等手段，实现对太阳能能量分级利用。太阳能＋蓄热技术可以有效解决太阳能全天、全年分布不均、与能耗需求不匹配的矛盾，有效避免太阳能的间歇性缺点，主要方式有水箱蓄热、地下水池蓄热、土壤蓄热、卵石—水蓄热及相变蓄热等。

由于太阳能出力随机性强、不连续、能量密度小，为保证稳定供热，需依靠智慧供热调控技术，根据用户侧的用热需求，结合当前太阳辐射强度，动态调节系统运行，实现热源与用户的柔性匹配。当太阳能充足时，将富余热量储存至蓄热器；当太阳能无法满足使用需求时，系统动态调节其他互补能源，如调度蓄热器放热、热泵运行补热等。随着供热系统智慧化水平不断提高，智能调控、跨日跨季储能、多能互补技术不断发展，太阳能供热逐渐迈入实用化、可商用阶段。

6.热泵

随着能源系统可再生比例提升，热泵可以作为灵活性调峰热源，为供热系统提供较强的韧性。热泵主要可分为电动热泵和吸收式热泵两大类。

电动热泵的热效率一般在300%~400%，远高于电热水器和燃气锅炉。电动热泵在新型智慧供热系统中起着至关重要的作用，一是作为"多能协同互补"热源的关键补充，灵活精准连接了电与热两种能源；二是相比传统智慧供热侧重于末端的热量调控，新型智慧供热系统可通过调节电动热泵，对热源进行调控。

吸收式热泵主要用于两类场景：一是应用于乏汽/烟气的余热回收，二是用于降低回水温度实现大温差远距离供热。吸收式热泵作为供热热源时其COP理想极限为2，一般在1.5~1.7。吸收式热泵在新型智慧供热系统中将发挥温度品位调节的重要功能，可用少量高温热源产生大量的中温热源，也可用中温热源产生少量高温热源，可灵活适应系统需求（见图3-7）。

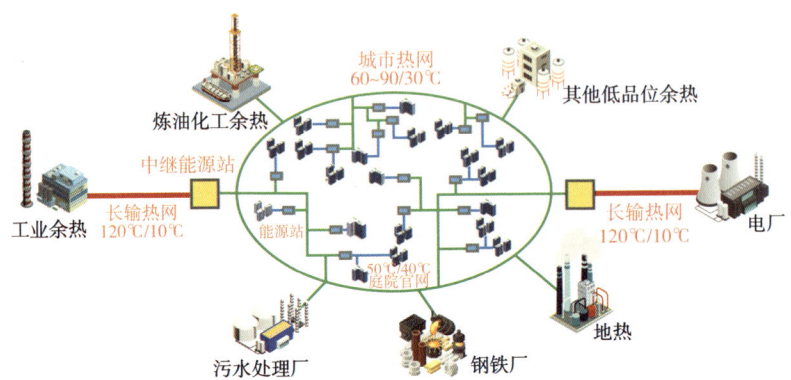

图3-7　吸收式热泵及大温差换热应用示意图

7.储热（冷）

储热技术在煤电灵活性改造方面的主要应用包括电热供热调峰和抽汽蓄热两类技术（见图3-8）。其中电热供热调峰技术，是将富余电力直接转化为热能对外供暖，并通过电热储热实现供热系统的柔性可调节，主要包括电极锅炉加水储热和固体储热等技术，具有较好的灵活性，可参与电力深度调峰，且不受外部环境温度的影响等优点。抽汽蓄热是将汽轮机内过剩的蒸汽热能传递给热能储存系统进行储存和释放的过程，从而扩大火电机组的负荷调节范围，提升其灵活性。抽汽蓄热既可以调节供热负荷，又可以在电力负荷高峰段，增强机组的顶负荷能力，使热电厂具备了"双向"调峰能力。

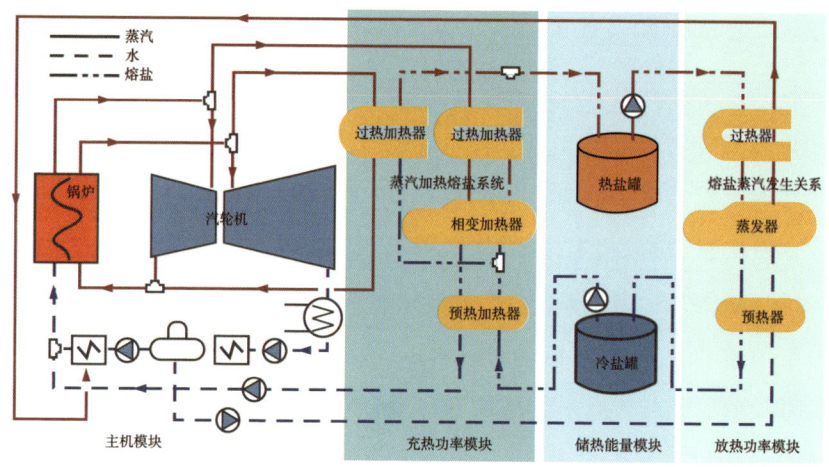

图3-8 储热技术应用原理

热（冷）能是重要的终端能源需求，储热（冷）成本远低于储电，在储能容量、寿命、安全性、成本等方面相比储电具有显著优势，同时储热技术在清洁供热、工业蒸汽、余热回收等热能利用市场有储电技术无法参与的应用场景（见图3-9）。据智研咨询统计，2023年全国蓄冷蓄热累计装机约为930.7兆帕，占储能装机总量的1.1%。

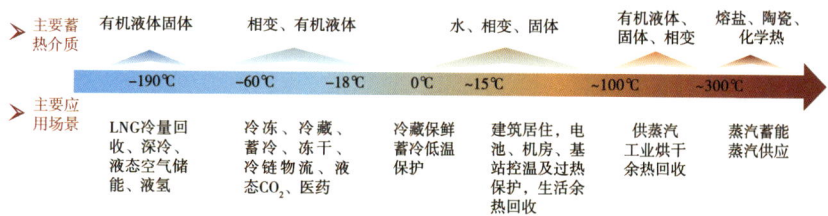

图3-9 不同蓄热介质适用场景

> **案例八：国信靖江电厂熔盐储热项目**
>
> 该项目于2022年12月建成，包括为2×660兆瓦机组建设熔盐储能调峰供热项目，设计配套储热量75兆瓦时，EPC总承包价格约4188万元。该工程投运后每年可增加新能源消纳电量3亿千瓦时，保障近2万户居民和企业使用可再生的绿色电力，每年减少10万吨燃煤和24万吨二氧化碳排放。
>
> **案例九：中广核新疆阿勒泰市风电清洁供暖示范工程**
>
> 该项目于2016年10月建成36兆瓦时电热储热装置，以复合相变储热材料为介质，总投资2067万元。项目已在阿勒泰市第三中学及周边区域试运营，总供热面积5万平方米，年用电量1000万千瓦时左右。

3.2.2 热网侧

热网是热源连接换热站的输送管网，其拓扑结构有单一中心热源向外辐射的星形结构，也有多热源的环状结构，以及多热源混合结构。随着热源走向低碳化的发展趋势，以及热电协同需求下的热源架构，热源呈现向分布式和多品种发展的态势，单一热源供暖方式被多热源方式所替代，热网拓扑结构也变得越来越复杂，甚至出现了近百千米的长输管线，未来还会出现城市级蓄热储热系统。

数字热网通过对热网关键节点的坐标、温度、压力、流速、热量等参数的实时采集与分析，以及对热网辅助设施（如加压站）的监控，实时掌控热网的运行状况，实现热网的安全监测和预警、压力调节、流量优化、辅助设施监控等功能，以满足热源到换热站的安全输送。

数字热网是全域协同热能管理平台的组成部分，由基于GIS（地理信息系统）的数字化呈现系统、防灾减灾系统、调度系统、监控平台、调度算法、优化算法等组成，其中优化算法是新型智慧供热的关键因素，围绕热网数字模型构成热网优化控制算法，承载着热电协同的热能调度环节。

数字孪生模型：由机理模型通过有限元分析构成的热网数字模型，包括动态水力模型和静态水力模型等，适用于调度分析、管网规划、边界条件分析、管网预警、防灾减灾分析等应用，也可以配合热网优化控制算法实现管网的优化调度。其缺点是运算量大，算法不易收敛，管网拓扑变换需要调整模型结构等。

在线辨识模型：由系统辨识技术构成的热网数字模型，包括水力线性相关模型和热力线性相关模型，其模型参数建立在自学习、自适应等AI算法基础上，具有运算速度块、适用范围广、灵活的特点，适用于管网监控的在线应用。其缺点是对于复杂管网的边界条件不能做到全覆盖，模型参数的适用范围有一定限制。

基于未来分布式多品种热源混合型拓扑结构管网，结合数字孪生模型和在线辨识模式各自的优点，构建热网优化调度控制算法，是供热行业需要研究的关键技术。

3.2.3 换热站

换热站作为热源和热用户的中间转换和输送环节，不仅承载着供热管网一级网和二级网隔离、温度和压力转换等热力输送任务，而且掌控着二级网流量和热量的供给，是影响电耗和热耗指标的关键环节。新型智慧供热系统赋予换热站以更多的热能调度、热能分配、蓄能储能管理等功能要求。

1. 热能调度和分配系统

换热站是热能调度和分配的关键环节，一方面换热站和热网共同构成了供热系统一级网的热能调度和分配系统，另一方面换热站和热用户智控终端共同构成了供热系统二级网的热能分配系统。

新型智慧供热的热源呈现分布式和多品种的特性，热源优化调度系统根据换热站的标准能量指数，决定热能的生产方式，以达到低碳和高效。同时，由平衡热量表等构成的热用户智控终端，采用室温软测量等参数取得换热站的标准能量指数，热网系统以各个换热站的标准能量指数为权重分配给各个换热站相应的热能，从而形成一级网的热能调度和分配。另外，热用户按热能需求形成各自的能量指数并作为二级网热能分配的权重，构成了二级网热能分配系统。以换热站为核心的热能调度和分配系统，以能量指数作为各级热能分配权重，形成以"负荷需求为导向"的"拉动式"供热。

热用户智控终端通过内置的L值平衡控制算法，构成每个热用户的室温闭环控制系统。由于每个热用户的L值对应热用户的热能需求，将L值作为各个热用户的能量指数，构成换热站二级网的热能分配系统。

2. 换热站监控系统

换热站监控系统由过程参数采集系统、平衡和控制系统、能耗监测系统、视频监控系统、设备管理系统、安全系统、通信系统等构成，以实现换热站安全、高效的全自动运行。

换热站的供热量控制是换热站监控系统的主要控制回路,一般采用二级网供水温度或一级网回水温度作为主要控制参数,并根据"室外气温—供水温度"曲线取得控制参数的给定值。"室外气温—供水温度"曲线可以通过室内温度的采集数据进行人工修正,也可以采用室温软测量或实时室温数据由自学习等人工智能算法进行动态修正。室外气温还可以包含更多的气象参数,如风力、风向、日照等,合并为"综合气象",从而构成"综合气象—供水温度"曲线。换热站监控系统的辅助控制回路包括二级网流量控制、水箱液位控制、二级网补水控制等。

3. 能耗监测系统

能耗监测系统是由能耗监测平台软件,以及设立于换热站的热量表、水表、电表和加密通讯盒等设备构成。能耗监测平台由国家监管部门统一设立,换热站能耗监测是能耗平台数据的主要来源。换热站的能耗数据采用国家认证的标准加密算法,由加密通讯盒统一上传至数据中台。

能耗监测系统的建立,不仅有利于行业能耗的管理,还有助于电力和热力之间的关系协同,促进热电协同技术的发展。

4. 能源岛

随着微电网的发展,能源岛成为未来区域电力和热力的主要提供者,部分换热站将成为能源岛的组成部分。能源岛不仅装备有电力系统,还配置了相应的热力系统,包括微热源、蓄热储热装置、热泵、电锅炉等。

> **案例十：天津市汇秀庭院小区二级网智慧换热站改造**
>
> 该换热站所辖供热区域共计28栋楼，3.1万平方米。智慧换热站改造包括分户安装平衡热量表、换热站安装温度和压力传感器、电动调节阀、变频和控制机柜改造，实现换热站无人值守。改造后用户室内平均温度控制在22℃左右，热耗节约率为21.3%，电耗节约率为17.9%。

3.2.4 户端

随着新型智慧供热技术发展，室温调控手段及方式也在不断地改进和提升，居民室内温度冷热不均、能耗高等问题将逐步解决。通过热用户数字孪生技术建立数学模型，实现供热工况的异常诊断、热用户行为捕获、能源精准调度等。同时，采用平衡热量表并结合平衡控制策略、室温软测量模型等技术，实现用户热计量和室温调控。

1.室温软测量

室温软测量是一种先进的获取室温的技术，它通过分析与室内温度相关的多种参数，如供热计量数据、气象数据和建筑物特性数据来预测室内温度，而无须直接测量每个房间的温度。这种方法利用大数据和人工智能算法，如多元线性回归，建立预测模型，从而实现对室内温度的间接测量。

室温软测量技术的优势在于它可以减少硬件成本和维护更新的负担，同时避免了入户安装测温面板的困难。通过这种方式，供热企业可以根据预测的室温数据进行系统调整，以提高供热效率和用户的舒适度。

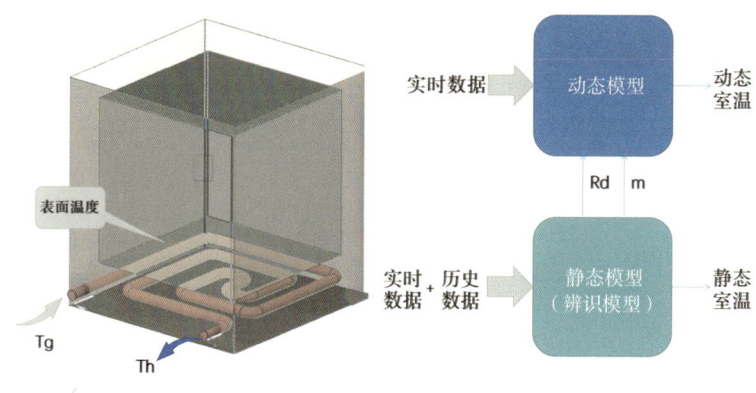

图3-10　室温软测量模型

2. 户端平衡控制策略

基于供回温比值（L值）作为中间控制变量，是实现室内温度均衡调控的一种先进的户端平衡控制策略。L值平衡控制算法兼顾了供回水温度、室温以及建筑物特性、居民用热行为等诸多影响因素，可很好地解决末端供热水力/热力水平和垂直动态失衡问题，同时可在满足居民个性化舒适供热的局部优化控制下，和源端、换热站等联动，实现供热系统全域协同。

L值平衡控制算法的核心在于定义了一个名为L值的控制变量，这个变量结合了散热器的供温、回温等实际过程参数（见图3-11）。算法通过优化L值参数，实现对供热系统末端的水力和热力的合理调度与分配，满足用热需求和热负荷的协同。这种方法简单且有效，所需的过程参数少且易于获取，算法可以直接嵌入热用户调控设备内，具有高度的自治性、稳定性、可靠性和普遍适用性。

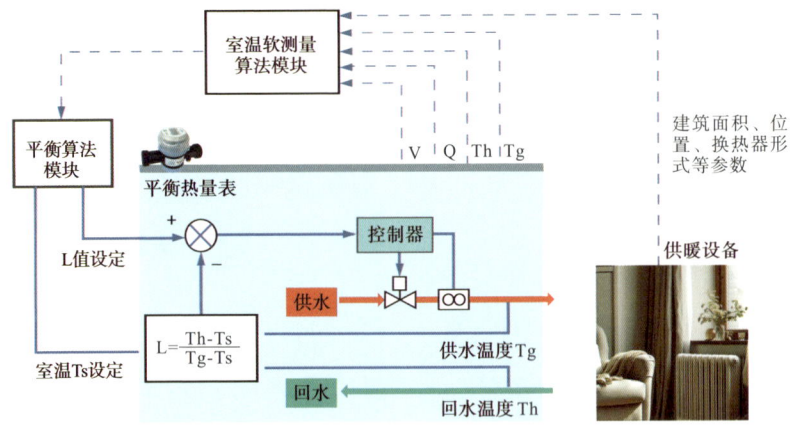

图3-11　L值平衡控制策略框架

3. 平衡热量表

平衡热量表是一种用于供热系统末端监控和热计量的智能远传信息采集和控制一体化设备，内置室温软测量模型和L值平衡控制算法，具备全自动系统辨识的能力，实现室温的免入户测量以及供热系统的水力和热力平衡。平衡热量表遵循《平衡热量表》（JB/T 13753—2021）行业标准。

一体化设计：平衡热量表将热量表和平衡阀的功能集成在一起，减少了系统的复杂性，简化了安装和维护。

电磁测量原理：采用法拉第电磁原理进行流量测量，这种原理对水质的要求不高，能够适应恶劣的水质条件，提高了设备的可靠性和寿命。

3.3 热力系统与电力系统协同

3.3.1 新能源 + 供热

采用电动热泵、电锅炉等进行绿电供热是消纳可再生能源发电的重要方式。供热系统的热网和负荷侧均有热惯性，具备一定储热潜力，可适应灵活电能调度，克服可再生能源发电带来的供电波动性。随着新型智慧供热的发展，供热将参与电力调峰调频，为可再生能源发电消纳提供新路径。

空气源热泵具有成本低、易操作等优势，在华北地区"煤改清洁能源供热"工程中得到了大量应用。将多台空气源热泵组合成为集中热源，并集成循环水泵、补水定压设备、配电及控制系统等配套设施，结合新型智慧供热调控技术，可建立空气源热泵智慧能源站，为楼栋级、小区级、园区级用户供热。结合新型智慧供热技术，使机组产生的热量与用户侧热负荷相匹配，同时根据电力市场情况可灵活切换机组运行模式和策略，消纳可再生能源发电。

电锅炉的加热方式有电磁感应和电阻（电加热管）两种，利用电能将热媒水或有机热载体加热到供热温度，目前电锅炉普遍使用电阻式加热方式。蓄热式电锅炉是在电供热基础上增设蓄热设施，常见的蓄热式电锅炉分为两大类：一类是水蓄热式，另一类是固体蓄热式。在新型智慧供热调控技术下，综合考虑用户需求、可再生能源发电情况、室外气象条件等因素，在可再生能源发电无法消纳的时段蓄热，在发电量不足时放热，以此解决大基地绿电消纳问题，用于提升供热系统的稳定性和经济性。

新型智慧供热技术可以整合电力系统的供热资源对电供热用户进行管理和互动优化，提升系统用电、用热的灵活性，通过能源聚合、数据检测、精准调控等手段引导热用户积极参与电力市场，提升可再生能源发电消纳比例。

3.3.2 需求侧响应

新能源发电对电力平衡支撑作用不稳定，主要原因是电源侧与需求侧的能力不匹配，在时间维度上存在差异，导致电源侧高发时负荷低、低发时负荷高，造成电力保供难度增加。解决该问题的常规手段是储能，但储能也面临成本高、空间不足等问题。为此，国家发展改革委、工业和信息北部、财政部、住房城乡建设部、国务院国资委、国家能源局出台了《电力需求侧管理办法（2023年版）》（发改运行规〔2023〕1283号），为需求侧响应工作提供了政策支撑。需求侧是指利用价格调节或激励措施引导用户调整用电行为的负荷调节方式。通过灵活调控电采暖等可削减负荷、蓄热蓄冷等储能型负荷，需求侧可积极快速响应电源侧变化，提升电网支撑能力。

1. 电采暖负荷调节

近年来我国北方地区大力推进"煤改电"计划，居民电采暖负荷比重逐渐上升，成为拉动电力尖峰负荷增长的重要因素。居民用户以分散式直热电采暖为主，具有空间上分散、用电功率小、数量多的特点，可以通过聚合方式群调群控，实现电采暖负荷调峰优化控制，缓解短时电力供需紧张、可再生能源电力消纳困难等问题（见图3-12）。电采暖用户参与电网互动，可充分挖掘其削峰填谷能力。

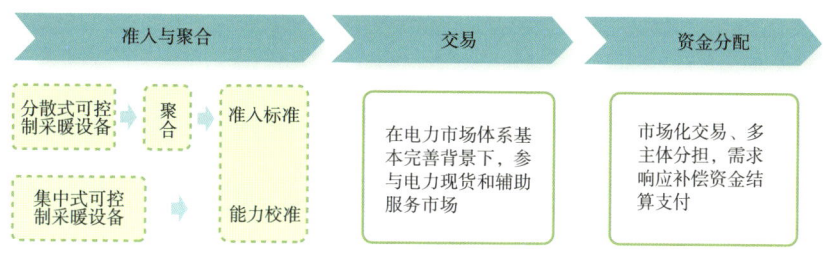

图3-12　电采暖用户参与市场化交易示意图

2. 蓄热负荷调节

蓄热式电锅炉是需求侧调节性资源之一。利用蓄热技术可以将峰值电力转移至低谷期，在后夜蓄热，可更多利用新能源发电，也可提高低谷负荷，在日间电网负荷高峰时期用蓄热供热可有效降低电网高峰负荷，减小峰谷差。对于单一电采暖设备，基于建筑热惯性，在考虑用户舒适度的前提下，其负荷调节可通过设备启停以及功率调节两种不同的手段实现在短时间内增加或削减用户用电量的目标。当电采暖负荷处于"开启"状态时，室内温度处于升温时段，此时电采暖负荷不具备上调能力；当电采暖负荷处于"关闭"状态时，室内温度处于降温时段，此时电采暖负荷不具备下调能力。

新型智慧供热系统不仅负责能源调度、运维的工作，还代替用户参与电力市场的能源交易。一方面，作为能源服务型平台，根据能源市场的价格信号和负荷数据制定能源供应策略和需求响应计划，并将调度指令下发给各个设备和用户。另一方面，用户根据能源价格和需求响应计划调整能源需求水平，需求调整的结果将反馈给智慧供热系统。新型智慧供热系统接收到用户负荷变化后及时更新和调整能源供应策略以维护系统的安全稳定。考虑需求响应的智慧供热系统运行优化框架如图3-13所示。

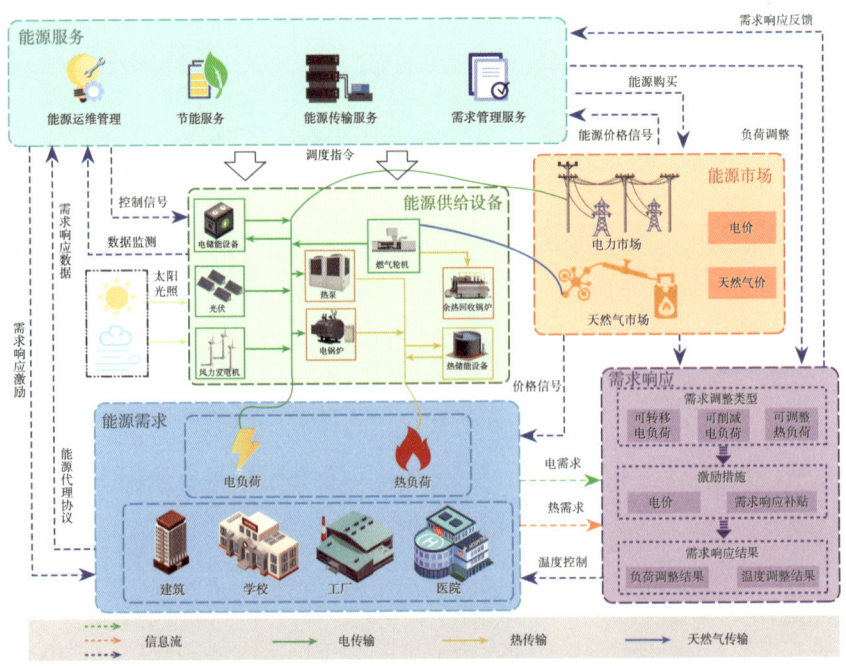

图3-13 考虑需求响应的智慧供热系统运行优化框架

案例十一：国网冀北电力柔性需求响应示范工程

项目于2020年11月投运，该示范工程围绕张家口冬奥交通廊道和尚义全电供暖示范县，聚合17家用户，集合最大响应能力22.76万千瓦的可调负荷资源，是当时国内规模最大的蓄热电锅炉可调负荷资源池。

案例十二：国网浙江电力空调负荷柔性调控

2022年寒潮用电负荷高峰期间，国网浙江电力通过安装空调控制终端、接入平台等多种方式，对工商业等用电大户的空调负荷按照"夏不低于26℃，冬不高于20℃"要求，合理精准调控，实现"千瓦可控必控，度电应调尽调"，削减用电高峰，降低用电负荷。通过空调负荷管理平台，对国网杭州上城区供电分公司大楼进行"单户"空调调控，并对包括住建、商务、交通、机关事务等行政部门主管的商业、非工业等类别的68家用户进行空调群控，空调温度设置平均降低5℃，负荷从5.72万千瓦下降至3.14万千瓦，下降幅度达45%。

3.蓄冷负荷调节

蓄冷技术是一种利用电力负荷低谷时廉价电能来制冷并将低温储存起来，在电力负荷高峰时段用以空调降温的技术，以此来转移电力高峰负荷，减少制冷系统对电网峰值电力的需求。蓄冷技术通常包括显热蓄冷和潜热蓄冷两种方式。显热蓄冷是通过降低水等介质的温度进行蓄冷，潜热蓄冷则是利用某些材料（如冰）在相变过程中吸热或放热来进行蓄冷。

蓄冷技术的应用包括建筑供冷用的蓄冷技术和冷链运输用的蓄冷技术，应用场景有所不同，但基本原理都是更好地管理和利用能源，其在能源系统中的运行模式、原理、蓄热技术基本一致。

> **案例十三：惠州欣旺达新能源产业园水蓄冷项目**
>
> 该项目为水蓄冷项目，工程竣工于2020年10月。项目投入运行后，每年可实现将约460万千瓦时的高峰段和平段电量转移至低谷用电，预计每年可节省空调运行费用280万元，可大幅降低空调运行电费，提高能源的综合利用率，具有良好的社会及经济效益。
>
> **案例十四：芜湖旷云产业园低温冷库蓄冷项目**
>
> 为打造零碳绿色冷库示范项目，2023年，园区冷库配置了业内领先的智能技术装备，其低温冷冻库（7000平方米）均安装金合能源冷库储能系统。经运行，旷云产业园冷库平均峰平电量转移率超50%，用电量下降约20%。

3.3.3 "热—电—碳"协同

"热—电—碳"协同（见图3-14）是未来能源发展的趋势，在实现电碳协同和电热协同的基础上，也考虑到热与碳的协同互动，将"热—电—碳"协同机制有机融合于能源供给、需求响应、市场化交易等方面，达到协同互动机制下的绿色高质量发展。

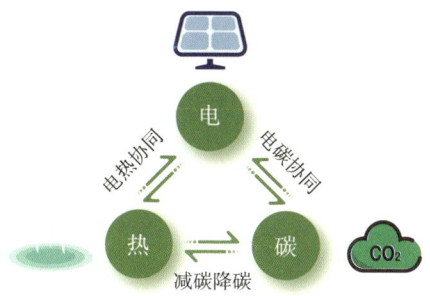

图3-14 "热—电—碳"协同逻辑架构

1.电碳协同

电力市场和碳市场在减排目标上具有一致性，从不同方面体现环境价值属性，共同推动能源电力低碳转型。电力市场通过可再生能源配额制、绿证等政策机制体现可再生能源的环境价值属性，利用市场机制促进可再生能源消纳利用。碳市场将碳排放转化为控排企业内部经营成本，导致火电度电成本增加，进而提高可再生能源竞争优势。

碳交易是利用市场机制控制和减少温室气体排放的重要政策工具，主要功能为碳排放量控制和碳排放定价。在电力市场化条件下，碳价能够向电价传导，电价也会反向影响碳价。一方面，碳价会增加火电企业成本，体现到电力市场报价中影响出清结果，进而影响交易价格。另一方面，电力市场供需情况和价格变化会影响火电发电量，电量增减影响碳配额购买需求，进而影响碳价水平。

未来，随着各类用户侧逐步纳入碳市场，辅助服务费用逐步向终端传导，将有利于电碳市场系统成本进一步优化，促进电碳市场协调发展。通过电碳市场联动，既促进新能源消纳，又引导火电向灵活调节资源转变，形成良性循环。

2. 电热协同

目前供热系统仍以化石燃料作为能源消耗主体，所以供热系统存在一次能源消耗量大、碳排放成本高等缺点。由于输热的延时性，网、荷侧均具有一定的热惯性，且具有储热成本低的优点，电力系统与供热系统可实现协同，互相提供支撑，充分发挥各自的优点。从负荷侧看，热网存在固有的质热传输延迟、蓄热等特性，是电力系统的潜在灵活性资源。在电力负荷高峰期，通过余热发电设备，热网可以为电网提供支撑；在电力负荷低谷期，通过电热泵设备，热网可以为电网消纳过剩电能，电热协同利于"削峰填谷"。从能源侧看，电力系统的光伏、风电等可再生能源发电具有波动性等特点，通过合理的电热协同调度运行方式可实现电、热系统的稳定运行与波动平抑。

大力发展"电热协同，跨网互济"，利用电能与热能之间性质互相补充的特点，实现能量的多级利用，提高能源利用率，同时也增强系统运行的安全性和灵活性，提高电气化水平，降低碳排放，进而带动发展绿色经济。制定电热协同战略规划与整体解决建设运营模式，有助于打造清洁低碳、安全高效的电热协同。

面向区域清洁供能的电热协同系统是未来能源发展的重要趋势。以低品位热源+热泵的供热方式为例，将各类低温热源进行汇集，输送到用户端，在用户端配置热泵，利用低品位热源制热，根据用户实时取暖需求产生相应温度与热量的热力，满足用户供热需求。其中，供热量可以通过调节热泵的功率实现，在低温热源热产出量下降的情况下，可通过增加电热泵的功率维持终端的供热量。

3."热—电—碳"协同

新型智慧供热将热能量市场与电能量市场和碳排放市场三个市场进行有机整合，以实现降本增效、节能减排安全供给为目标，通过电转气（P2G）设备将富余电力转化为氢气或甲烷，提升收益的同时保障了热能供给。将电转气设备反应过程中产生的热量通过热力管网进行使用和销售。结合碳交易市场背景，利用电转气设备运行时的碳排放市场交易机制，增加碳排放市场收入的同时降低碳排放量（见图3-15）。

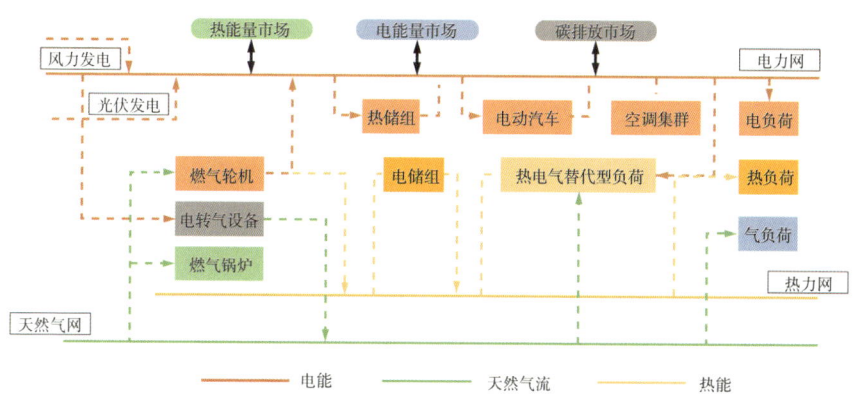

图3-15 "热—电—碳"市场协同框架

新型智慧供热在多市场协同优化的过程中应用的燃气轮机、电转气设备、燃气锅炉、电热储能装置等设备，提升了多类型资源调度的灵活性，实现了热能量市场、电能量市场、碳排放市场的多市场协同优化，推动"热—电—碳"协同运行进一步发展。

"热—电—碳"协同未来将聚焦于技术创新、政策支持与市场机制完善等方面。通过智能化、数字化手段，优化能源结构，提升系统效率，同时实现碳排放的有效管理和控制。随着国际合作的加强和公众意识的提升，这一协同机制将为实现双碳目标提供支撑，推动经济社会向绿色低碳转型。

热力生产和供应是碳排放重点领域，新型智慧供热涉及多品种、多品位能源形式，供热碳足迹评估和管理是一个复杂而重要的任务，涉及能源类型、能耗数据收集处理、碳核算标准规则等。供热行业数智化建设和碳足迹评价有助于推动重点产品碳足迹试点工作。

3.3.4 "算力—电力—热力"协同

1. 算力发展趋势

全球智能化快速发展，人工智能、大模型等技术引领新一轮科技革命，业务数字化、技术融合化和数据价值化等加速演进。加快以算力为核心的数字信息基础设施建设成为提升企业乃至国家综合竞争力的重要保障。我国相继出台一系列关于算力基础设施的政策文件，提出"东数西算""新基建"等工程。数据中心是支撑数字经济发展的重要基础设施，也是当前我国能源消耗增速较快的领域之一。2024年7月，国家发展改革委等部门印发《数据中心绿色低碳发展专项行动计划》（发改环资〔2024〕970号），提出到2025年底，全国数据中心平均电能利用效率降至1.5以下，新建及改扩建大型和超大型数据中心电能利用效率降至1.25以内，国家枢纽节点数据中心项目电能利用效率不得高于1.2，可再生能源利用率年均增长10%，平均单位算力能效和碳效显著提高。

数据中心面临着更高的性能、效率、绿色和可靠性要求。随着大模型等系列AIGC产品的商业化落地，AI服务器的需求将会快速提升，其中大量的高功率CPU、GPU芯片将带动整台AI服务器功耗走高。未来AI集群算力密度普遍有望达到20~50千瓦/柜，自然风冷技术一般只支持8~10千瓦，机柜功率超过15千瓦后液冷散热方案的能力与经济性优势逐步凸显。针对高功耗、高性能算力，浸没式液冷技术预计将成为散热终极解决方案。浸没式液冷技术核心在于冷媒介质以及系统密封、设计等，国内已基本实现进口氟化液替代能力。

数据中心PUE是衡量数据中心环境能耗的指标，除IT设备外，数据中心运行能耗主要来自制冷系统。根据科智咨询测算，以运行PUE为1.57的数据中心为例，IT设备能耗占比为63.7%，其次是制冷系统能耗占比，达到27.9%。因此降低PUE的关键在于采用更加高效绿色的制冷方案，传统风冷技术PUE极限值为1.25，液冷技术能够实现数据中心能耗低于1.1（见图3-16），可有效解决PUE难题，同时有利于数据中心余热回收利用。

根据中国信通院统计[①]，2023年全国数据中心用电量达到1500亿千瓦时，同比增长15.4%，远高于全社会用电量的平均增长速度，占全社会用电量的1.63%。据预测[②]，从2023年到2030年，中国智能算力规模将以每年70%的复合增长率持续攀升，预计2030年全国智算

---

① 中国信通院，等. 数据中心全生命周期绿色算力指数白皮书. 2024.
② 环球零碳研究中心，等. AI改变能源—智算如何引领新型电力系统. 2024.

中心年用电量在0.6万亿~1.3万亿千瓦时，约占当年全社会用电量的5%~10%。随着液冷等节能技术的进步，PUE将逐步下降。

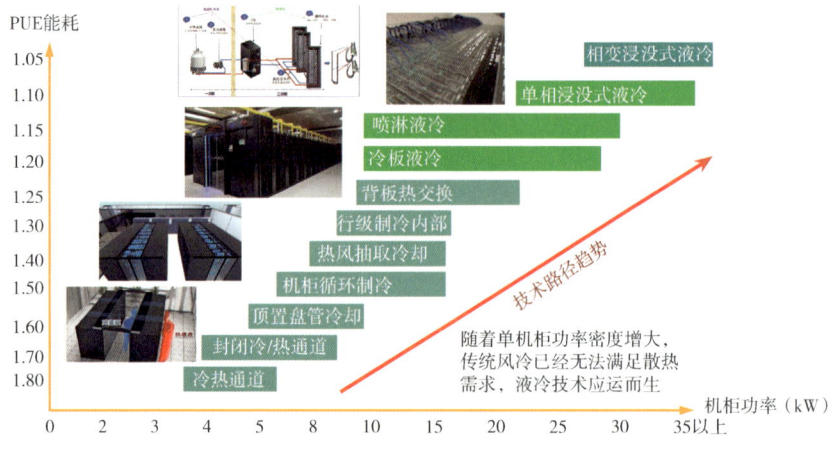

图3-16 数据中心PUE、单机柜功率与冷却方式变化趋势

资料来源：《中兴通讯液冷技术白皮书》、科智咨询《中国液冷数据中心市场深度研究报告》、中国信息通信研究院等。

2."算力—电力—热力"协同

2024年8月，国家发展改革委、国家能源局和国家数据局联合印发《加快构建新型电力系统行动方案（2024—2027年）》，提出实施一批算力与电力协同项目。要求加强数据中心余热资源回收利用，满足周边地区用热需求。

数据中心会产出大量废热，可将用能负荷特性与采暖技术、供暖供热负荷关联匹配，通过精细化规划、阶梯利用，算力设施的余热回收系统将具有较好的经济性。据中国建筑设计研究院智能工程中心测算，从数据中心总耗电量中大约可提取回收11.2%电力消耗产生的余热。

"东数西算"战略可以帮助数据中心充分利用西部低气温条件来降低数据中心能耗。西部的数据中心承接来自东部的算力需求，同时利用西部气候冷凉的自然条件，在建筑结构设计中减少夏季太阳热辐射，利用主导风向保证空气自然流通，冬季将机房内热量通过余热回收，可满足办公室及走廊供暖需求。

算力的尽头是电力，算力的安全是热力，热力将是算力功耗不断提升的卡脖子环节。电力带动算力绿色发展，算力赋能电力转型升级，未来算力与能源行业将会加速协同发展。在电力保供背景下，在数据中心层面，在"规划—建设—运行"阶段，打通"算力—电力—热力"资源，实现电力、算力、热力协同，三者互为支撑，充分挖掘灵活调节潜力，提高资源利用效率，提升运行安全可靠性，将对新型能源系统的建设起到支撑作用。"算力—电力"协同方面，算力目前仍面临绿电难以直接利用、算力布局调度相对分散、调度能力偏弱、用电灵活性不足等问题。"算力—热力—电力"协同示意如图3-17所示。

图3-17 "算力—热力—电力"协同示意

冯杰等[1]提出"两弹一优"的数据中心创新发展模式，即供电资

---

[1] 冯杰，朱晨鸣，王强，等.新一代信息基础设施建设实践［M］.北京：人民邮电出版社，2024.

源弹性适配、制冷技术弹性兼容及气流组织全面优化，规范数据中心灵活、弹性部署，满足不同功率机柜的需求。基于"算力—电力—热力"协同设计及综合解决能力，算力基础设施未来有望成为继"电动汽车、锂电池、光伏产品"之后我国出口"新名片"，为全球数字化转型保驾护航，提供经济、绿色、安全的基础支撑。

案例十五：中国电信5G BBU液冷改造项目

该项目是国内首个将电子氟化液作为冷媒的大型单相浸没式液冷5G机房工程项目。项目位于深圳市，该市夏季长达6个多月，常出现炎热天气，机房采用8个液冷机柜对80个5G BBU进行散热降温。项目于2023年11月中旬开工，施工工期18个日历天。经过一个半月的测试，液冷系统运行平稳，通过项目验收，并经过中国信通院检测。该项目综合能耗PUE为1.09，满足使用需求。

案例十六：清数科技园数据中心余热利用项目

该项目以收集数据中心产生的余热为主，以空气源热泵、电制冷机组技术为辅。占地面积约800平方米，通过运用磁悬浮热泵技术和配置的智慧能源管理系统实现了数据中心内主机、水泵、冷塔等设备高效优化匹配运行。项目于2024年6月投运，向清数科技园10万多平方米建筑内部提供冬季供暖、夏季供冷以及生活热水供应，由此每年降低能源成本约100万元，同时减排二氧化碳1659吨。

03　内容架构与典型案例

数据安全可信

伴随数字中国建设的深入推进，数据已成为关键生产要素和核心战略资源。数字领域安全风险演进升级并不断延伸渗透，数字安全成为数字中国建设过程中不可或缺的要素，数据安全事关国家安全、经济运行和个人利益。

1.安全可信

通过智慧供热数字化技术与区块链技术相结合，在平衡热量表内植入区块链加密、隐私计算等新技术可以构建供热领域可信数据传输链路，打造安全、共享的产业协作网络，实现供热领域产业链上下游更好地协同互通。

同时，在区块链+物联网技术的赋能下，引入数字人民币、融资租赁、智能合约、碳积分等生态，构建专属供热领域的可信智能化碳生态，充分将用户节能行为转化到碳生态并加以运用，逐步培养用户自主节能意识，为加快实现室温自主调节、热企提高供热能效提供有力支撑。

基于可信的区块链数据传输技术，通过智能合约解决EMC项目"最后一公里"的分润难题，有效解决传统EMC模式遇到的系统节能投资回收期长、回款不确定、节能量难以认定、多方结算时较难统一、行业账期长、现金流压力大等痛点问题。

基于IoT+区块链+数币，可以解决所有权和经营权分离的信任协作问题，账本共识可信，收益自动分配。基于可信上链设备，采用区块链+AIoT技术使数据源头可信，表计源头加密提升系统安全，数据可信流转上链，解决企业间信任问题；采用智能合约，多方看同一本不可篡改的账本；采用数币链上分账，基于共识业务流触发智能合约驱动数字人民币，实现收益可信分配。数据安全可信AIoT技术架构如图3-18所示，可信智慧供热系统如图3-19所示。

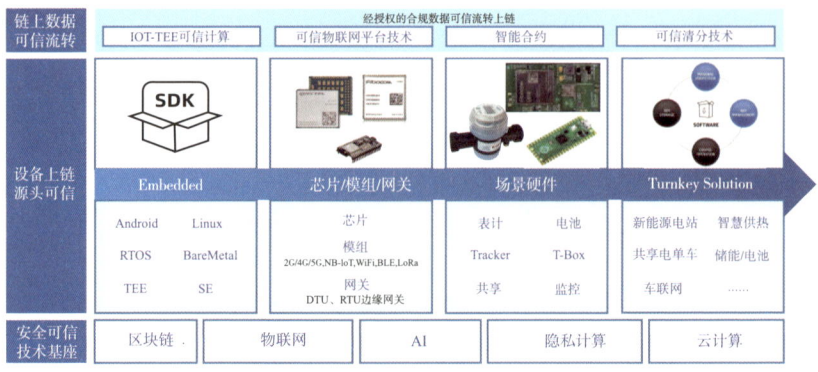

图3-18 数据安全可信AIoT技术架构

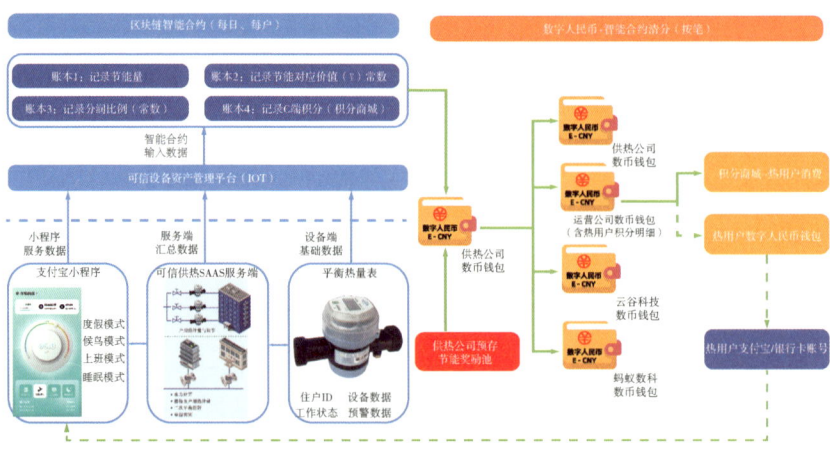

图3-19 可信智慧供热系统

2. 数据资产入表

2020年,中共中央、国务院提出将数据列为第五大生产要素。2023年8月1日,财政部正式印发《企业数据资源相关会计处理暂行规定》(财会〔2023〕11号),自2024年1月1日起施行,旨在推动企业强化数据资源管理,推动数据价值实现。

数据资产化是一套体系化工作,涉及专业咨询机构、律师事务所、会计师事务所、数商、银行等多方,数据质量是入表的首要考察因素。数据质量主要体现在数据的真实性(可信性)、安全性和连续性上,是后续评估、交易等环节的基础。安全可信的供热数据是热力公司数据资产化的必要条件。

> **案例十七:杜蒙可信智慧供热试点项目**
>
> 投资人利用自有资金投资EMC项目,蚂蚁数科针对节能收益提供自动收益分配,改善EMC项目周期收益回款问题。实现方式为:取得合规的业务数据授权,多方开通企业支付宝,供热公司额外开通企业支付宝的资金自动分配功能;供热公司与EMC投资方约定,供热用户通过支付宝缴纳覆盖每年节能分润的取暖费(如5%),锁定在供热公司的企业支付宝账户中,签署合同;蚂蚁数科根据将多方合同转换为智能合约、部署上链,按约定提供节能收益的自动分配,确保投资人资金闭环(见图3-20)。

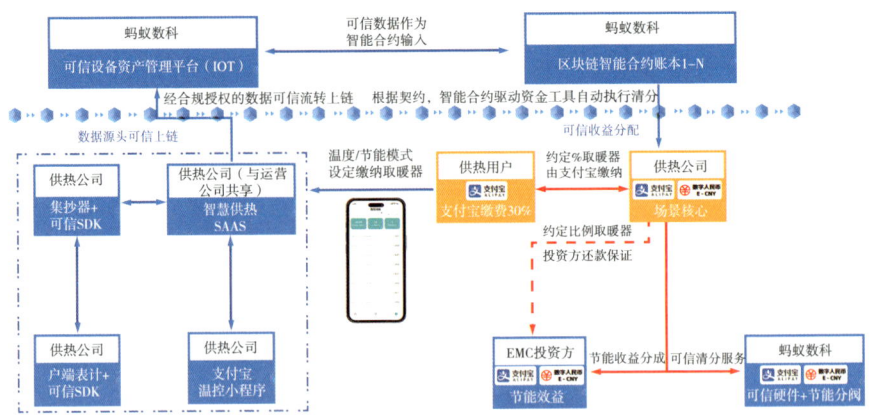

图3-20 杜蒙可信智慧供热试点项目技术架构

典型案例

1.东阿吉电智慧供热项目

（1）项目概况

项目位于山东省聊城市东阿县，东阿县城区在网面积830万平方米，接入供暖管网小区274个，覆盖热用户6.76万户。2022年9月，东阿吉电能源有限公司在山东省东阿县逐步开展热计量设备及管理系统改造，截至2024年8月27日，已完成4.07万户热计量表计的安装工作，惠及全县195个小区，计划2024—2025年采暖季正式启动前全面达成全县域热计量系统的部署。智云热网管理系统如图3-21所示，智能户端表阀一体设备如图3-22所示。

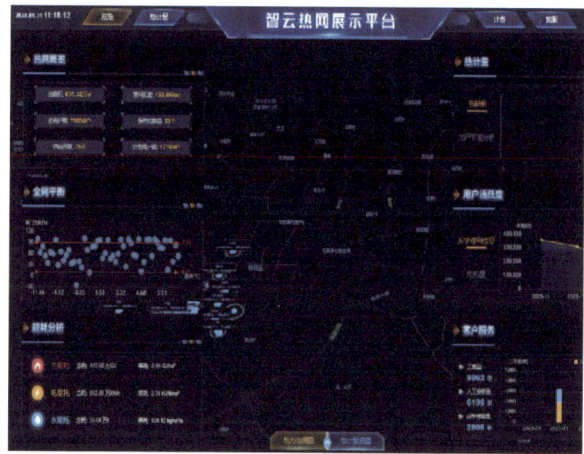

图3-21 智云热网管理系统

图3-22 智能户端表阀一体设备

（2）实施成效

面积热价：居民用户20元/平方米，非居民用户25元/平方米。

两部制热费＝面积热费＋计量热费＝面积×面积热费单价×30％＋热量×计量单价。

2023—2024年供暖季供热总成本13455.6万元，其中固定成本折旧费用3896万元、财务费用1274万元，固定成本占比38.42%；运营成本运行及维修费322.6万元、外购热量费261万元、燃煤成本7702万元，运营成本占比61.58%。

2023—2024年供暖季运营数据：

节能率达25%，节省热量16.09万吉焦，节省燃煤成本946.12万元；

换热站节电14.83万千瓦时，节约用电成本11.57万元；

节水率14.2%，节约用水成本123.62万元；

减少人工断管成本及处置费用及耗材74.6万元；

减少二氧化碳排放1.9万吨。

（3）技术特点

在常规热网控制系统的基础上，通过增加户端表阀一体设备，实时准确收集终端数据，真正实现"源—网—户"三级平衡。

系统自动控制，实现失水监测、离线自动补偿、异常预警、"0"余额关阀、未缴费关栓。用户可通过手机APP根据需求自主调控，同时用热量和余额直观显示，加强用户主动节能意识。

（4）创新收费模式

用户自愿签订两部制合同，采用灵活的缴费机制，首次预缴一定计量热费即可开栓用热，无须一次性支付全额热费，同时引入按需付费的概念，无热费余额时交纳100元以上即可恢复用热。

2.天津宝坻城区供热智慧化提升项目

（1）项目概况

项目位于天津市宝坻区，是天津市最大的"一城一网"智慧供热改造项目，由天津市恒安供热发展有限公司负责城区集中供热，集中供热面积约1754万平方米。宝坻城区原有供热以燃煤锅炉供热为主，项目将原有燃煤锅炉供热改造为热电联产+燃气锅炉调峰供热，实现

"一城一网、多源协同",打造清洁低碳、智慧高效的供热系统。

（2）技术特点

该项目建设"一中心、四平台"总体架构,达到全系统"源—网—站—户"供热生产信息、供热客服维修信息、供热收费信息、供热质量信息全面耦合,实现城区全面监测、智能控制、远程调度、统一指挥。

基于城区25.4千米管网现状及负荷预测模拟,利用基于"面向对象"方法管网建模理论建立水力平衡仿真分析模型,对管网走向、平衡进行优化设计,形成"城区供热一张网",解决城区"超大型"供热环状管网水力、热力平衡问题。

项目通过对大量历史数据进行机器模型训练,考虑基于室外天气、室内温度及人员习惯等影响因素的负荷预测模型,借助大数据分析、人工智能预测等方法和手段,开发适用于该城区供热负荷调控与管网智能平衡管理系统。

项目设置客服中心,实现各片区统一工单池、自动化工单派发、及时接单上门维修、闭环回访全流程,并采用"零距离"移动互联技术大幅提高工作效率,提升用户在线服务体验,提高供热问题处理及时率,提升热用户的满意度。

（3）实施成效

项目年综合节能率15.6%,年减少标准煤消耗量23.38万吨。年节费3200万元,供热工单下降30%,运维优化节费40%,热质量及用户满意度提升50%以上,智慧化供热提升运行管理效果明显。

（4）创新模式

智慧化供热作为一项高效供热技术,对运行及管理人员水平有一定要求,项目通过"产品+服务"的模式帮助供热企业逐步建立起一支专业化"能用、会用、用好"智慧供热系统的队伍,赋予供热企业可持续化清洁、智慧、高效供热能力。

04

政策机制与发展建议

4.1 价格机制

2003年8月,建设部、国家发展改革委等八部门联合印发《关于城镇供热体制改革试点工作的指导意见》(建城〔2003〕148号)正式拉开供热体制改革的大幕,明确了城镇供热体制改革的基本思路:停止福利供热,谁采暖、谁缴费;老百姓用多少热缴多少费,逐步取消按面积计收热费,推行按用热量分户计量收费的办法。

2005年10月,国家发展改革委与建设部联合印发《关于建立煤热价格联动机制的指导意见》(发改价格〔2005〕2200号)。2007年6月,国家发展改革委与建设部推出《城市供热价格管理暂行办法》(发改价格〔2007〕1195号)。2017年国家发展改革委公布的《关于进一步加强垄断行业价格监管的意见》(发改价格规〔2017〕1554号),提出按照"多用热、多付费"原则开展供热成本监审。

2023年以来,国家发展改革委明确将北方地区冬季供暖用煤全部纳入长协体系保障,并会同住建部等部门出台完善城镇集中供热价格机制等相关意见,指导各地建立健全供热价格和收费标准动态调整机制。

4.2 财税政策

2024年，供热计量改造项目明确纳入地方政府专项债券支持，供热节能改造项目纳入中央预算内资金支持。

《2024年政府工作报告》明确表示，2024年拟安排地方政府专项债券3.9万亿元、比上年增加1000亿元；从今年开始拟连续几年发行超长期特别国债，供热基础设施改造享受超长期特别国债支持。

2024年3月，住房城乡建设部印发《推进建筑和市政基础设施设备更新工作实施方案》（建城规〔2024〕2号），指出通过中央预算内投资等资金渠道适当支持供热设施设备更新和建筑节能改造，积极推进供热计量改造，按照供热计量有关要求更新加装计量装置等设备。

2024年8月，国家发展改革委办公厅、国家能源局综合司印发《能源重点领域大规模设备更新实施方案》（发改办能源〔2024〕687号），提出将清洁取暖设备纳入大规模设备更新和消费品以旧换新行动方案，加大地方财政、金融等政策支持力度。

04 政策机制与发展建议

4.3 未来展望

1. 短期内供热系统节能、中长期内建筑节能和热源结构优化具有最显著降碳潜力

新型智慧供热发展要紧跟新型能源体系和新型电力系统建设步伐，伴随着电力生产和消费关系深刻变革，新能源已成为发电量增量主体，并逐渐从装机主体电源向发电量结构主体电源过渡，用户侧低碳化、电气化、灵活化、智能化变革逐渐广泛普及，数字化、智能化技术助力源网荷储智慧融合发展，能源系统运行灵活性大幅提升。

预计2030年前，煤电装机和发电量仍将保持增长趋势，煤电发电量占比保持在50%以上，仍是发电量结构主体电源，全国电网平均碳排放因子处于较高水平；2030年碳达峰目标实现后，煤电发电量开始进入下降拐点。

面向双碳目标，新型智慧供热发展可大致按照"30·60"两个阶段目标前进。

第一阶段，加速转型期（当前—2030年）：热源侧大力推动煤电供热改造，积极推广低碳供热技术，提高余热、可再生能源（生物质、地热、直接或间接消纳的风光电力）、核能等零碳热源比重，开展"多储热柔"综合智慧能源体系示范；加快推进供热系统节能降碳改造，重点加强二级网和末端计量平衡调控改造，显著提升热力系统数智化管理水平，大幅提高建筑节能水平，城镇集中供热平均能耗降低15%~20%，降至10kgce/m²以下，供热行业二氧化碳排放力争2030年前达到峰值。

第二阶段，全面建成期（2030年—2060年）：全面推进新型智慧供热系统建设，构建多元灵活、智慧调控、精准按需、协同主动的新型热力系统，城镇集中供热平均能耗降至7kgce/m²左右，供热行业二氧化碳排放力争2060年前实现近零排放。

2.分布式供热将具备更优的经济性、灵活调节能力和可再生能源耦合能力

随着建筑节能水平的不断提高和能源结构调整，供热系统格局将会重塑。可再生能源供热比例不断上升，用户对低品位热源的兼容程度越来越高，输配系统按需求调节愈发灵活，同时随着热泵等新型供热技术的发展，分布式及户用供热的成本不断降低，在特定应用场景下建设和运行成本低于集中供热。未来供热格局将呈现集中式与分布式相结合的趋势，除了严寒地区以外，寒冷地区分布式供热优势将日益突出，夏热冬冷等其他地区更宜分布式供热。集中供热发挥其在城市供热中的基础作用，而分布式供热则将更加灵活地满足个性化、差异化的供热需求以及与各种可再生热源耦合协同。

3.安全、经济、绿色供热尤其是工业蒸汽成为制约能源转型的最大瓶颈，也是制约火电电量替代的主要因素

相比建筑领域，工业领域脱碳难度更大。热泵及地热主要满足

100℃以下用热,而工业部门用热约80%是200℃以上热能,除热电联产机组外,可考虑生物质、工业余热、电供热、氢能、核能等方式,安全、经济和绿色兼顾难度大。

工业园区是重要的分布式综合用能场景。工业园区用能主要包括电力、工业蒸汽、空调冷热水、生活热水等。园区用电负荷较大、用电量波动大,对电力系统的稳定性要求较高,同时对空调供冷和供热的品质需求较高。通过"多储热柔"综合能源智慧管理系统对园区冷、热、电等用能进行统一智能管控,实现多能集成互补和能源梯级利用,建立多元绿色低碳能源供应结构。

伴随着上述变革,用户从单纯购买能源转向购买服务的趋势愈加凸显,传统热力公司逐渐向城市综合能源服务商转变,专业化能源托管运营服务成为趋势。

供热行业未来需重点关注和研究的十大问题

① 在兼顾安全、经济、低碳的目标下供热行业高质量发展和转型路径是什么。

② 如何安全经济地提高新能源供热占比。

③ 煤炭减量消费、煤电电量替代趋势下,燃煤热电联产集中供热热源如何实现可靠替代。

④ 如何实现工业供热(蒸汽)的低碳化发展。

⑤ 数字经济如何与供热行业深度融合,推动供热行业智慧化升级。

⑥ 如何依靠体制机制及技术创新进一步深化供热计量改革。

⑦ 如何在兼顾民生保障与市场机制下理清政府、企业、居民责权关系,进一步完善供热成本监审和价格机制。

⑧ 未来建筑节能将对供热行业带来哪些深远影响,集中式供热与分布式供热中长期发展格局如何。

⑨ 新型热力系统与新型电力系统如何协同发展。

⑩ 供热行业如何融入全国统一大市场。

4.5 发展建议

建设新型智慧供热系统是一项涉及多部门的系统工程，需要加强顶层设计，做好系统谋划，强化政策引领，破除体制机制藩篱，不断深入实践，依托先进技术、装备和解决方案，发展新质生产力，鼓励创新示范，实现供热行业高质量发展。

1. 推广"多储热柔"系统

广泛应用余热利用、多热源互补联网运行、基于计量数据驱动的系统实时调节等新技术，通过储热蓄冷技术提升供热系统的灵活性，建立多元绿色低碳热源供应结构，推广"多储热柔"的综合智慧能源体系，拓展面向用户的能源托管、负荷智能调控、节能管理等多样化智能化用能服务，引导用户实施技术节能、管理节能策略，提高终端能源利用效能，激发需求侧响应活力。加强"热—电—碳"协同以及"算力—电力—热力"协同发展，以柔性灵活可控的热负荷管理提升绿电消纳能力、提高电力和算力能源保障能力、促进碳市场完善和加强碳足迹试点工作。

2. 完善供热成本疏导机制

尽快开展供热燃料价格监测和供热成本调查监审，研究建立供热价格形成机制，健全政府投入与市场调整机制，厘清企业、政府、用户的责权，确定煤热联动启动条件、启动范围、联动程度，各环节"市场的归市场，政府的归政府"，由"暗补"变"明补"。应避免"财政兜底"思维，促进企业主体不断提高精细化管理水平，减少财政负担。做好供热成本市场调整与政府投入衔接，完善新能源和可再生能源供热价格机制，将新能源和可再生能源供热项目、新型智慧供热项目纳入国家核证自愿减排量（CCER）机制，促进供热领域碳市场完善和碳足迹试点工作。加强供热企业能耗双控和碳排放双控，推动重点耗能企业建设能耗在线监测系统，针对重点耗能企业建立能耗、碳排放、成本、燃料供需等国家级台账系统。

3.因地制宜推动供热计量

坚持按照"分类施策、有序实施、保障安全"的原则推进供热计量工作：一是强化计量调控，注重节能实效，实际效果要达到供热系统平衡、计量和室温调控的要求。二是坚持分类施策，优先分户计量。对既有建筑的供热计量改造，要因地制宜、分步实施，具备安装条件且达到平衡调控要求的安装户用热量表和户用调控装置。三是推广计量收费，促进行为节能。鼓励新建建筑和具备条件的既有建筑实行供热分户计量收费，尚不能满足分户计量条件的既有居住建筑可以按楼栋进行计量，按面积分摊。

4.强化技术装备研发创新

鼓励技术创新和基础研发，加快供热计量调控技术和智慧供热系统解决方案推广应用，完善相关技术标准体系，遴选并推广新一代全功能、长寿命、低成本、易安装维护的户用及楼宇热计量和调控集成装置,开展新型智慧供热项目示范工作,形成可复制可推广的方案。

5.多措并举拓宽资金来源

一是建议将新型智慧供热项目纳入国家节能降碳、老旧小区改造等中央预算内资金、超长期特别国债和地方政府专项债券支持范围或给予相关企业税收减免优惠,鼓励符合条件的供热基础设施项目发行REITs产品。二是建议政策性金融机构将新型智慧供热项目纳入城市更新项目给予低利率贷款支持。三是鼓励政府引导基金、央企产业基金、基础设施建设基金及其他社会资本投资供热节能项目,推动供热节能改造获得的能耗指标参与地方用能权市场交易,相应的碳减排量纳入碳市场交易。

6.加强供热质量监督评价

进一步加强供热行业管理,推动供热系统节能降碳,持续提升供热服务质量和服务水平,强化第三方监督评价体系建设,推动中央预算内、超长期国债、地方政府专项债、政府补贴等财政资金资助的供热项目质量第三方监督评价工作,做好项目事前申报、事中监督、事后评价全过程管理,确保供热质量监督评价公正、科学、准确,及时总结问题和先进经验,加强行业交流。

7.强化组织保障统筹协调

相关部门根据职能,加强统筹协调,强化政策联动,建立部门间协调工作机制,提高沟通效率,不断完善政策和体制机制,形成政策合力，统筹推进工作开展。各地组织制定实施方案，明确目标和任务技术路径。行业协会、科研院所等机构加强产学研融用合作，促进产业优化升级，加快成果转化与产业培育，加强政策研究及宣传，实施行业对标和先进评选。